U0183089

米莱知识宇宙

启航吧知识号

你见过的物理现象

米莱童书 著/绘

北京理工大学出版社
BEIJING INSTITUTE OF TECHNOLOGY PRESS

推荐序

每个孩子从出生起，就对世界充满了好奇，如果想要了解世界，物理学就不可或缺。物理学是我们认识世界的桥梁，它揭示了事物发生和发展的客观规律，更是许多科学的基础。但是物理的概念繁多，知识点之间的关联性很强，对于刚接触物理的孩子来说，有些复杂难懂。

如何将复杂的物理知识，生动有趣地展现给孩子，就显得十分重要了。《启航吧，知识号：你见过的物理现象》就是专为孩子们打造的物理学科启蒙图书，以趣味漫画的形式将严肃的科学原理与生活中的有趣现象联系起来。比如：声音是怎么产生的？冰箱、电视等电器的电是怎么来的？为什么洒在地上的水过一会儿就不见了？为什么下雨后会有彩虹……

在这本书里，物理概念化身成一个个活泼可爱的主人公，为我们一点点展现奇妙的物理世界。大到宇宙天体、小到基本粒子，从日常生活到前沿科技，这本书将枯燥的理论，由浅入深、轻松有趣地表达出来，十分适合喜欢物理的孩子阅读。

希望这本物理启蒙漫画书能够让孩子们喜欢上物理，并帮助孩子们在知识的海洋中尽情遨游。

中国工程院院士、电子光学和光电子成像专家
周立伟

目录

声

目录

光

电

目录

磁

1

SOUND声

嗨！我是声音

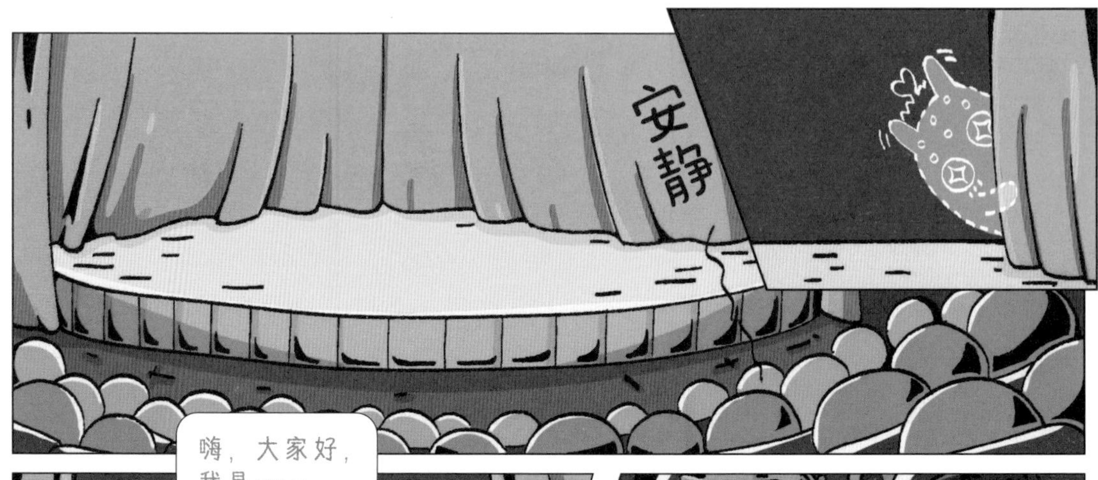

咚
咚
咚
咚
咚
咚
咚
咚
咚
咚
有声音了！
有声音了！
咚
咚
咚
咚
大家好，我是声音。
我来自物体的振动。
就像这样，当你敲击地板时，
地板振动，就会发出声音。发
出声音的物体叫作声源。

我是振动产生的

拨动琴弦会产生声音。

鞋子踩踏地板会产生声音。

鼓掌也会产生声音。

啪
啪
啪

跟我一起做，摸着自己的喉咙，说“你好”。手指是不是感受到了振动？这是声带在振动。
在桌面上放一些细沙，敲击桌面。桌面发出声音时，细沙在跳动，说明桌面在振动。
拿出一根橡皮筋紧紧地套在盒子上，用手指拨动橡皮筋。它在振动时发出了声音。
用手指按住振动的橡皮筋。振动消失，声音也跟着消失。
所以，声音是由振动产生的。没有振动就没有声音。
振
动

我们为什么能听见声音？

我们可以用手摸到柔软的玩具。用舌头尝出甜甜的味道。

气味飘进鼻子，可以闻到花香。光照进眼睛，可以看见物体是什么样子。

我来告诉你，因为声音是由物体振动产生的。当一个物体振动时，它周围的空气粒子也在振动。
空气里看上去好像什么也没有，但其实空气本身就是由很多微小的粒子组成的。粒子的振动，就形成了声波。
粒子还会带动周围粒子继续振动。声波就会传向四面八方，传进我们的耳朵里。
所以，即便处在声源的不同方向，我们都能听见声音。

声音是一种波

声音是一种波。那么，什么是波呢？
我的远。
我的更远。
向水中扔石头，水面振动会形成水波。
用动绳子，绳子振动会形成绳波。
科学家们把振动的传播称为波动，简称波。

我们来看一下慢动作。当绳子的一端振动时，会带起旁边的一段绳子跟着振动。
这段绳子再带起旁边的绳子振动。这样，振动就会向前传递。
接着，整个绳子都会振动起来，形成绳波。
波峰
绳波最高的地方叫波峰。
波谷
绳波最低的地方叫波谷。

那声波呢，它与水波、绳波是不是一样的呢？

声波所到之处的粒子会沿着传播方向振动。
别走。
我不走，我只是活动活动。
太好了！我们还在一起。
粒子传递振动的同时，自身并不会离开原来的位置太远。
空气粒子需要把振动传递给下一个空气粒子，才能继续声音的传播。
兄弟，交给你了。
放心吧。
但是，如果没有空气粒子了呢？
哎？人呢？

声音的传播介质

把正在响铃的闹钟放在玻璃罩内，我们依然可以听到清晰的声音。

慢慢抽出玻璃罩内的空气，声音变得越来越小。

当玻璃罩内变成真空状态时，声音则完全消失了。

这是因为，玻璃罩内，没有空气粒子振动了。可见，真空不能传播声音。

声音的传播需要物质，物理学中把这样的物质叫作介质。空气就是一种介质。
把耳朵贴在桌子上，敲击桌面，我们可以听到更厚重的声音。说明固体可以传播声音。
即将上钩的鱼，会被岸上的说话声吓跑。说明液体也可以传播声音。
有人，快跑。
声音的传播介质可以是气体，也可以是固体和液体。

声音有多快

声音的传播不是立刻完成的，因为波的传递也是需要时间的。比如，雷雨天气，闪电划过的同时，会伴随雷鸣产生。
但是我们看到闪电后，总要过一会儿才能听见雷声。这说明，声音传到耳朵里需要更多时间。
轰隆
物体具有固态、固态、气态三种形态，固体不易变形，液体可以流动，气体没有固定的形状。
声音传播的快慢用声速表示。
要不要和我赛跑？我在空气中，1 秒可以跑 340 米。
340米/秒
声速的大小跟介质的种类有关。谁传播声音的速度最快呢？
固体
液体
气体

要知道，物质是由极其微小的粒子组成的。组成固体的粒子排列最紧密，液体次之，气体粒子排列最松散。
固体
液体
气体

当声波传递到介质中时，会引起粒子振动。排列紧密的粒子振动快。
快，兄弟们都动起来。

哈～还没到我吗?
Z
Z
排列松散的粒子振动慢。

所以，在相同条件下，声音在固体和液体中的传播速度普遍大于在空气中的传播速度。
Z
Z
2
1
3

当声音遇到障碍物

声音在传播过程中，如果遇到障碍物，就会被反射。比如，我们站在空旷的山谷里喊话。

障碍物

声波遇到山谷的岩壁，就会被反射。

有人吗？

因为岩壁距离我们比较远，反射的声音经过较长的时间才能返回。

回声你在哪儿？
可是，为什么在教室里我们听不到回声呢？

这是因为声音的障碍物，也就是墙壁，距离我们太近了，声音很快就被反射回来。
原声

反射回来的声音和原声混在一起，形成混响，我们的耳朵就无法分辨出回声，但是会觉得声音更响亮。
原声
回声

人多力量大。
这也是为什么在室内，即使声音很小我们也能听清楚的原因。
音量
原声
回声

声音不仅会被物体反射，还会被物体吸收。例如，海绵就有很好的吸声作用。

声音

我怎么走不出去了？

海绵内部有许多杂乱的孔隙，声音在里面就像走迷宫，钻来钻去，却总也找不到出口，慢慢地，声音就被消耗掉了。

就像录音棚的墙壁会铺上海绵、泡沫等材料，可以吸收外部的噪声，提高录音质量。
冬天大雪过后，周围好像变安静了，这是因为刚下的雪花很蓬松，充满了小气孔，把声音都吸收了。
雪被行人或者汽车压实后，对声音的吸收作用就减少了，我们又能听到喧嚣的声音了。

听觉的形成

耳朵里的冒险
那么，声波传进耳朵，又会遇到什么呢？我们一起去耳朵里面看看吧。
耳郭
声波进入耳朵，经过狭窄的外耳道，传递到柔软的鼓膜，引起鼓膜振动。
鼓膜
鼓膜后面连接着听小骨，听小骨会把振动传递到耳蜗。
神经传递
听神经
耳蜗
耳蜗内充满了液体，声波使液体产生波动，液体里细小的毛细胞也跟着振动。
毛细胞将振动信号转换成神经电信号，传递给听觉神经。听觉神经再把信号传给大脑，我们就听到了声音。
听觉

VOL

所以，耳朵可是重要的听觉器官，我们一定要爱护它。平时不要听太大声的音乐，也不要用坚硬的东西掏耳朵哦。

除了耳朵，头骨、颌骨也能将声音的振动传递给听觉神经，引起听觉。这种传导方式叫作骨传导。

像这样，用双手捂住耳朵，自言自语。无论多么小的声音，我们都能听见自己说什么，这就是骨传导作用的结果。

一些失去听觉的人可以利用骨传导来听声音。据说，音乐家贝多芬耳聋后，就是用牙齿咬住木棒的一端，把另一端顶在钢琴上来听琴声的。

声音有大有小

你发现了吗？我们每天都能听到很多声音，它们都是由振动产生的，但是声音却有大有小。
例如，你用力拍手比轻轻拍手的声音大。
啪
走路时，使劲跺脚比踮起脚声音大。这是为什么呢？
其实，我们听到的声音大小，也就是声音的强弱，在物理学上叫作响度。响度是由物体的振幅决定的。
这面鼓可以帮我们直观感受响度的秘密。
响度

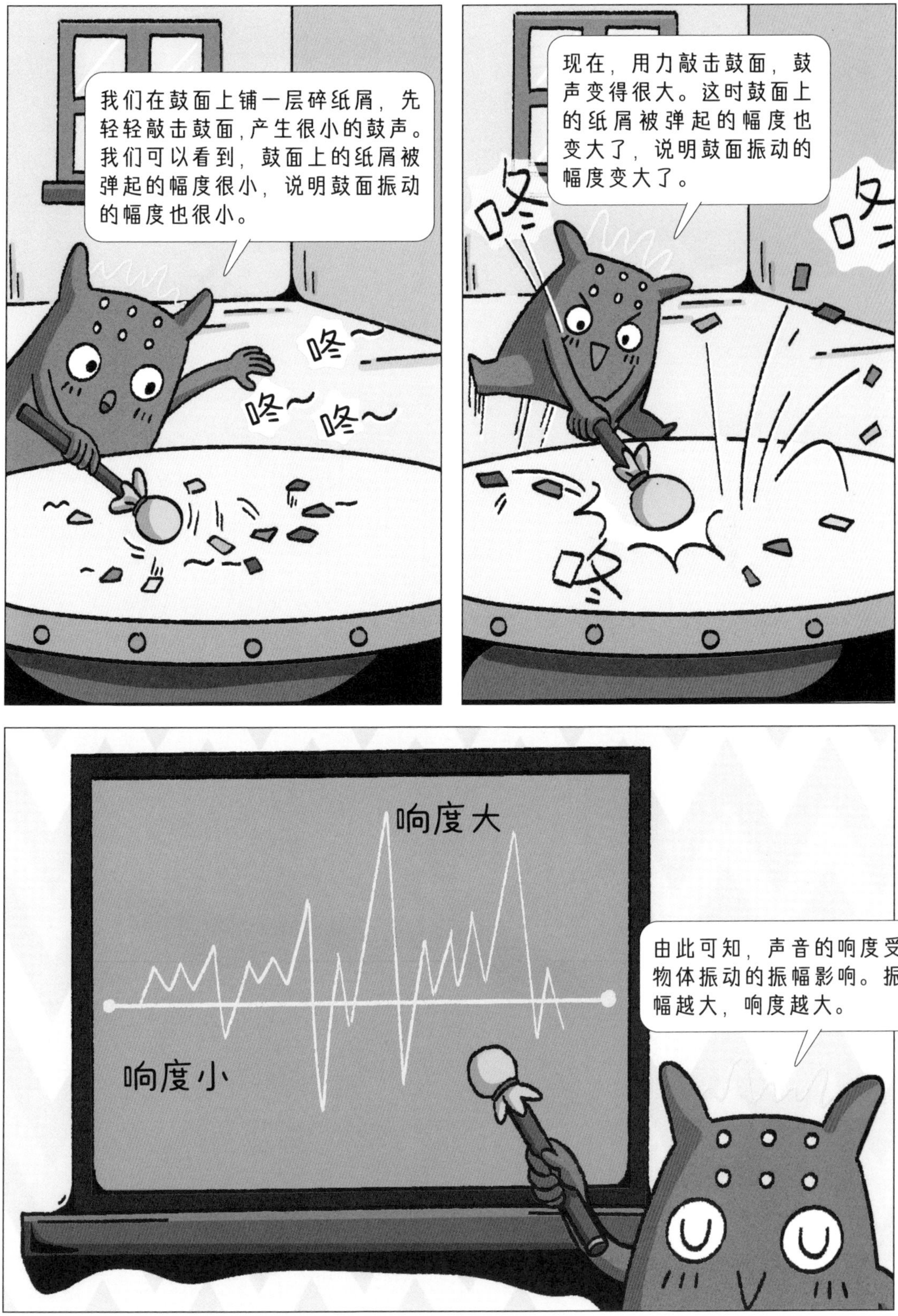

响度大

响度小

由此可知，声音的响度受物体振动的振幅影响。振幅越大，响度越大。

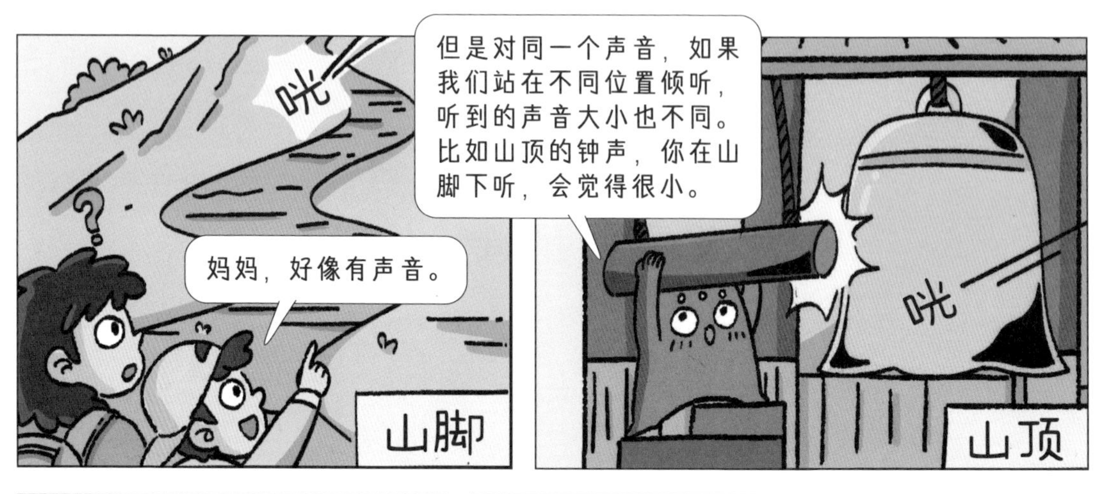
咣
妈妈，好像有声音。
山脚
但是对同一个声音，如果我们站在不同位置倾听，听到的声音大小也不同。比如山顶的钟声，你在山脚下听，会觉得很小。
咣
山顶

是钟声。
山腰
你爬到半山腰时，钟声似乎变大了许多。
咣!!!
等你爬到了山顶，钟声就变得震耳欲聋。可是，钟声的响度明明没有改变，为什么你听到的声音大小却不一样呢?

这是因为我们听到的声音大小，除了与响度有关以外，还跟距离有关。
距
离
山顶
山腰
山脚

我们知道，声音是从发声体出发向四面八方传播的。

声音传播越远，就越分散，听到的声音也越小。

声音有高有低

声音不仅有响度的大小，还有音调的高低。
音
低
高
调
我们听到的声音，有的听起来比较低沉，就是音调低，比如撞钟的声音。
有的声音听起来很尖锐，就是音调高，比如汽车急刹车的声音。
音调的高低是由发声体振动的快慢决定的。拿出我们常用的梳子，像这样，用一根小木棒拨动上面的梳齿。
我们发现，梳齿振动得快，发出的音调就高；振动得慢，发出的音调就低。

人们常用频率来描述振动的快慢，频率就是发声体每秒内振动的次数，单位是赫兹（Hz）。100Hz 就是物体 1 秒内振动了 100 次。

所以，音调高，振动快，则声波波形密集；音调低，振动慢，则声波波形稀疏。

哞~

嗡~

嗡

嗡

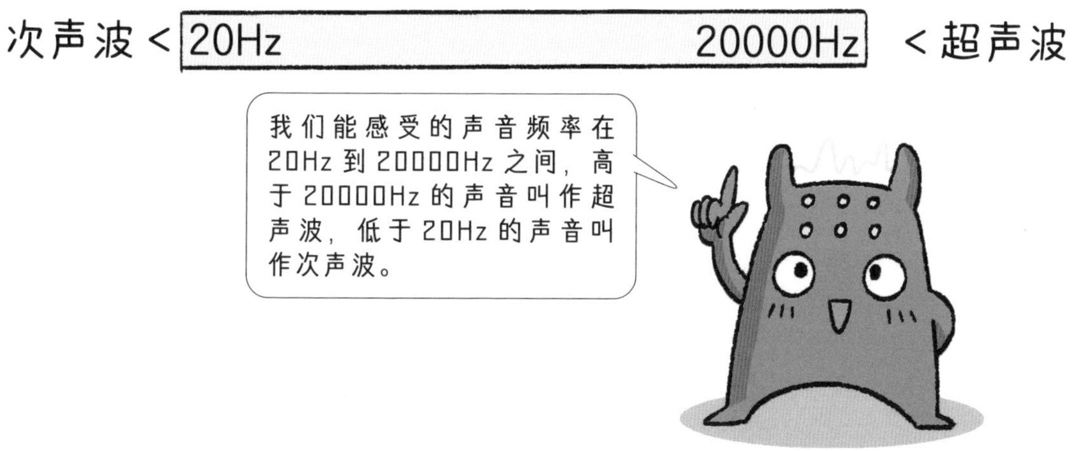

次声波 < 20Hz　　20000Hz < 超声波

超声波和次声波都是人类听不到的，但是动物的听觉范围与人不同，它们可以听到很多人类听不到的声音。一些动物对高频声波反应灵敏，如蝙蝠。
哎，你在倒立吗？

好吃的！
蝙蝠在夜间飞行时，能连续不断地发出高频率超声波，如果遇到障碍物或者昆虫，这些超声波就能反射回来。这样，蝙蝠就可以通过回声进行定位，并以此来捕食和躲避障碍物。

而长颈鹿则可以发出低频率的次声波，次声波不易被吸收，即使很远也可以传递信息。

动物们还能通过次声波来感知即将到来的自然灾害。当台风、龙卷风爆发时，往往都伴有次声波，这些次声波人类听不到。
但是犀牛、大象等动物可以听见。因此在灾害来临前，它们会做出一些看似反常的举动，如大规模迁徙、狂吠等。
台风来了。
呱~呱~快跑。

声音的不同音色

不同物体发出的声音，即便音调和响度相同，我们还是能听出区别。比如，我们用同样的力道和速度拨动塑料梳子和木梳子，我们听到的声音是不同的。这又是怎么回事呢？
音叉
钢琴
长笛
这是因为发声体的材料和结构不同，所以它们发出的声音不同，物理学上叫作音色。
音色
敲击音叉的声音清脆，弹钢琴的声音嘹亮恢宏，长笛的声音则更加悠扬。
通过观察声音波形可以知道，即使音调相同，不同乐器发出的波形状依然不同，也就是音色不同。
我们听到的声音往往是多道声波组合在一起的，当发声体主体振动时，会引起其他部位振动，产生多道声波，这些声波组合在一起变成一道“组合波”，这个“组合波”有着它特有的形状，产生的音色也就不同。

控制噪声可以从以下方面着手。可以采取措施防止噪声产生，比如，给摩托车装上消声器，从源头控制噪声。

或者在人耳处减弱噪声，如工厂的工作人员可以佩戴防噪声耳罩保护耳朵。

还可以在马路边缘建设隔声屏障，阻断噪声的传播。

声音可以传递信息

声音都有什么作用呢？声音里包含了信息，不信你听。

别玩游戏了！跟我去买菜。

好吧。

放心，这瓜保熟。

传递信息就是声音的一个重要作用。通过听拍西瓜的声音，可以判断西瓜是不是熟了。

啪

啪

轰隆

听到雷声，我们知道很快就要下雨了。

即使是我们听不到的声音也能传递信息。次声波能用来监测气象变化。
嘀
嘀

声呐可以利用超声波的回声定位原理，探测海洋深处的地形、海下潜艇，获取鱼群信息等。
嗨，朋友。

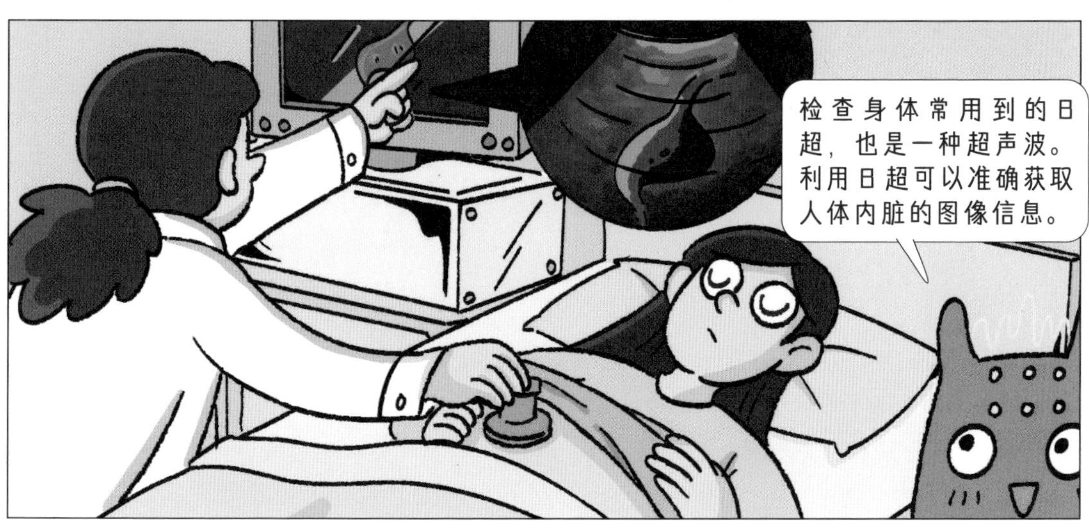
检查身体常用到的B超，也是一种超声波。利用B超可以准确获取人体内脏的图像信息。

声音可以传递能量

声音还能传递能量，比如，超声波常用来清洗物体。把眼镜放在清洗液里，超声波穿过液体引起激烈的振动，就可以把污垢敲下来，而且不会损坏眼镜。
我爱洗澡，皮肤好好。

医生利用超声波振动清洁牙齿；超声波还能除去人体内的结石。
啊！

超声波加湿器可以用超声波把水破碎成小雾滴。

利用超声波还能切软软的蛋糕，而且切出来的蛋糕边缘光滑平整，也不会粘在刀片上。

我是声音，这下你知道我有多厉害了吧。人们的生活离不开我，等你长大了，可以更深入地研究我呀。

角色卡

·姓名 声

·年龄 比宇宙的年纪小一点儿

·装备 介质

声的传播需要介质，介质可以是固体、液体和气体。

·普通技能 传向四面八方

·特殊技能 形成美妙的音乐

·天赋 具有响度、音调和音色三种属性

声的响度由物体的振动幅度决定；声的音调由物体的振动快慢决定；声的音色由物体本身的材质、形状、结构等因素决定。

·武学 发射超声波和次声波

·关联物品 各种乐器、超声刀、次声波武器

·行动范围 非真空环境

LIGHT光

光从哪里来?

嗨，我是光！

这里的光很微弱，还是被我发现了。是蜡烛！没错，它可以发出烛光。

四通八达的光

太阳升起来啦！它是地球最大的光源，给我们带来光和热。
真空中的光速，是宇宙中最快的速度，达30万千米/秒。按照光速移动，1秒钟大约能绕地球7.5圈。
太空中没有空气，是真空环境，我们在白天可以看到太阳，在夜晚可以看到星星，是因为光的传播不需要介质。

除了真空环境，光也可以在气体、液体和透明的固体中传播。
我们可以看到绚丽多彩的霓虹灯，说明光可以在空气中传播。
我们可以看到海水中晶莹剔透的发光水母，说明光可以在液体中传播。
阳光可以透过窗玻璃照射进屋内，说明光也可以在透明的固体中传播。

光沿直线传播

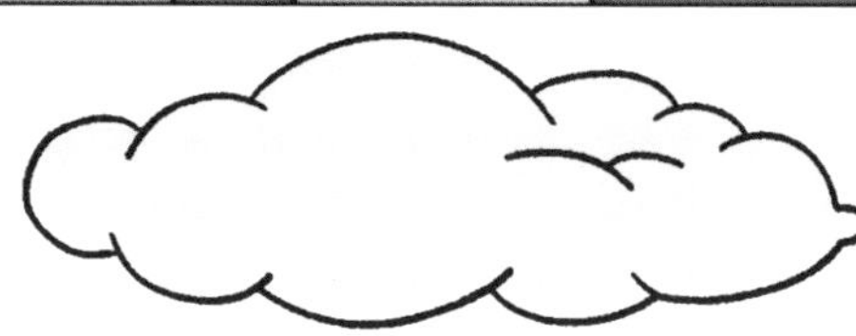

这些现象都说明，在空气中，光是沿直线传播的！

那么，光在固体和液体中，是不是也沿直线传播呢？
固体
液体

我往盛水的透明鱼缸里滴入几滴牛奶，并搅拌均匀。
milk

然后用激光笔将一束光射入其中，你会发现，水中的光线也是直的。

这是一块透明的玻璃砖，当我用激光笔向玻璃砖内垂直射入光线时，我们可以看到，光线的传播路径也是直的。
激光笔有一定危险性，请勿模仿。

影子是如何形成的？

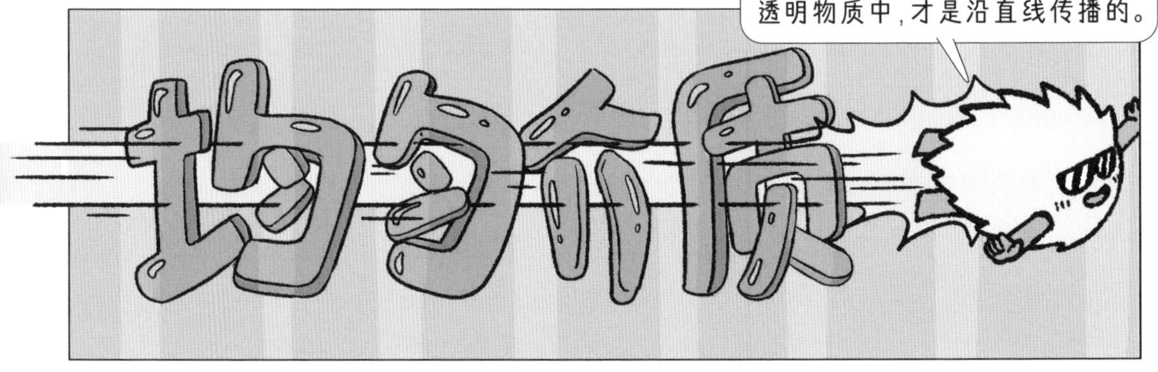
需要注意的是，光只有在同种均匀介质，比如空气、玻璃和水等透明物质中，才是沿直线传播的。
均匀介质

在我们的生活中，也有很多不透明的物质，比如墙壁、树木、窗帘，还有你。

光无法穿过这些不透明的物体。

当不透明的物体遮挡住直射过来的光线，就会在地面或墙面形成较暗的区域，就是我们常说的影子。

中国的文化遗产皮影戏也是利用了光沿直线传播这一特性。

这些在表演时用的平面人偶，常用兽皮或纸板做成，光线无法穿透它们，就在幕布上留下了影子。

光像皮球一样弹弹弹

光线有强有弱，但人们能看到事物，一定是因为有光！

你看这个皮球，当我竖直地向下拍它，它会竖直地反弹回来。

当我倾斜地向下拍球，
球也会倾斜着反弹出去。

光和皮球一样，在遇到
水面、墙面等很多物体
的表面时也会发生“反
弹”，这被称为光的反射。

例如，水面会反射阳光。

黑板会反射教
室里的灯光。

我们能够看见不发光的物体，就是因为物体反射的光进入了我们的眼睛。
月球本身不会发光，太阳光照射在月球上，然后发生反射，就有了我们看到的“月光”。
我不生产光，我只是光的反射工。
反射

漫反射与镜面反射

当阳光照射在大楼的玻璃窗上，我们迎着反射光的方向可以看到刺眼的光。

XX大厦

而当我们看向地面，却看不到反射的阳光。这又是为什么呢？

原来啊，地面是凹凸不平的，这样的表面会把平行的入射光线向着四面八方反射，这种反射叫作漫反射。
如果在显微镜下观看，我们的桌面、书本表面其实也是凹凸不平的，它们会把台灯的光向四面八方反射。所以我们在看书写字时，才不会觉得光线刺眼。
而这些玻璃窗的表面十分光滑，一束平行光照射到上面后，会被平行地反射，这种反射叫作镜面反射。

当你照镜子的时候，镜子外面有一个你，镜子里面还有一个“你”。镜子里的这个人，就是你的“像”。
水中倒影就是群山的“像”。
你有没有思考过，为什么会这样呢？
这是因为，光线到了镜子上，又被镜子反射到我们的眼睛里，于是我们就看到了自己或物体的“像”。
但我们的眼睛习惯了光线是沿着直线传播的，所以会觉得这个“像”就是在镜子里面的。

光线被“折断”了

当我们把一根筷子放进装有水的杯子里，会发现筷子好像被折断了。

我们在游泳池边看池底，会感觉水池浅浅的。

这是为什么呢？我们一起来做个实验看看。

当一束激光从空气射入水中时，我们会发现它的传播方向发生了偏折，也就是发生了折射。

同样地，从水里射入空气的光线也会发生折射。
我们观察水里的筷子，其实是看从水中折射出来的光线。我们的眼睛习惯了光线是沿直线传播的。
当我们逆着偏折的光去看水里的筷子，它就像是折断了一样。
清澈见底、看起来不过齐腰深的池水，不会游泳的人千万不要贸然下去，因为它的实际深度会超过你看到的深度。

在夏天的海面上，还会出现一种奇幻的自然现象，这种现象也是由光的折射造成的。

我们已经知道，光在同种均匀的介质中沿直线传播，如果介质疏密不均，光就不会沿直线传播，会发生折射。

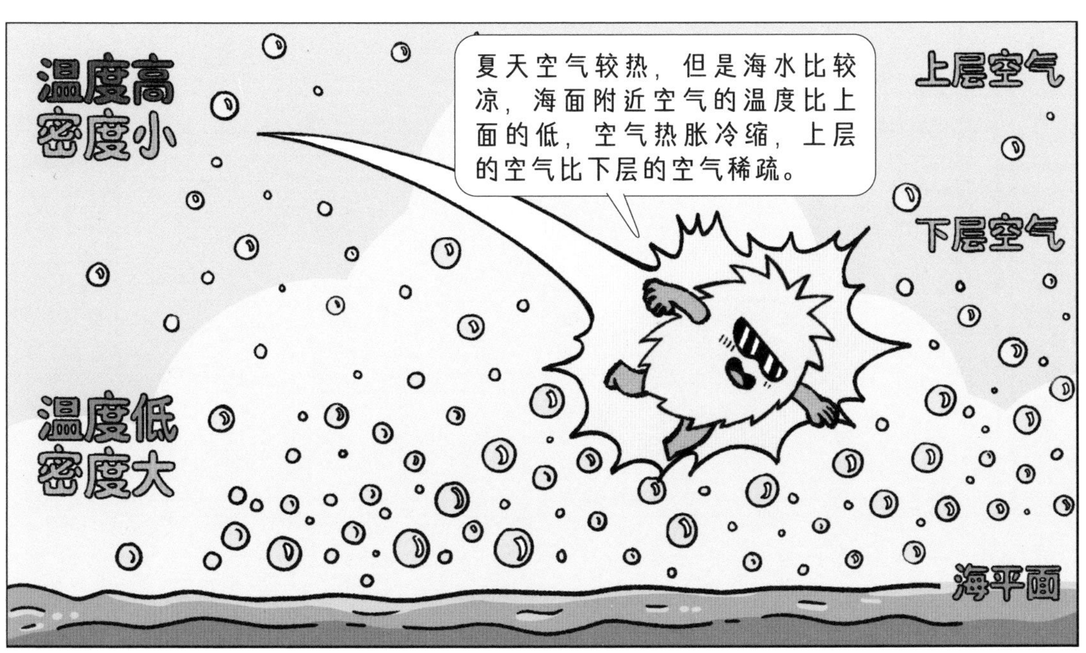
温度高
密度小
夏天空气较热，但是海水比较凉，海面附近空气的温度比上面的低，空气热胀冷缩，上层的空气比下层的空气稀疏。
上层空气
下层空气
温度低
密度大
海平面

来自海平面以下的这些远处建筑物的光，原本不能达到我们的眼中，但有一些反射向空中的光，经过这些疏密不同的空气时，发生了折射，逐渐弯向地面，然后就被人们看见了。
因为人们的眼睛已经习惯了光是沿着直线传播的，所以大脑的第一反应就是——哦，它们是飘浮在半空中的。这种奇特的景观叫作海市蜃楼。

改变光线的透镜

我们也可以用透镜来让光线发生折射。
这是一个凸透镜，它的中心厚、边缘薄，当光线经过时，会发生会聚。
凹透镜与凸透镜相反，它中心薄、边缘厚。当光线经过时，会发生发散。

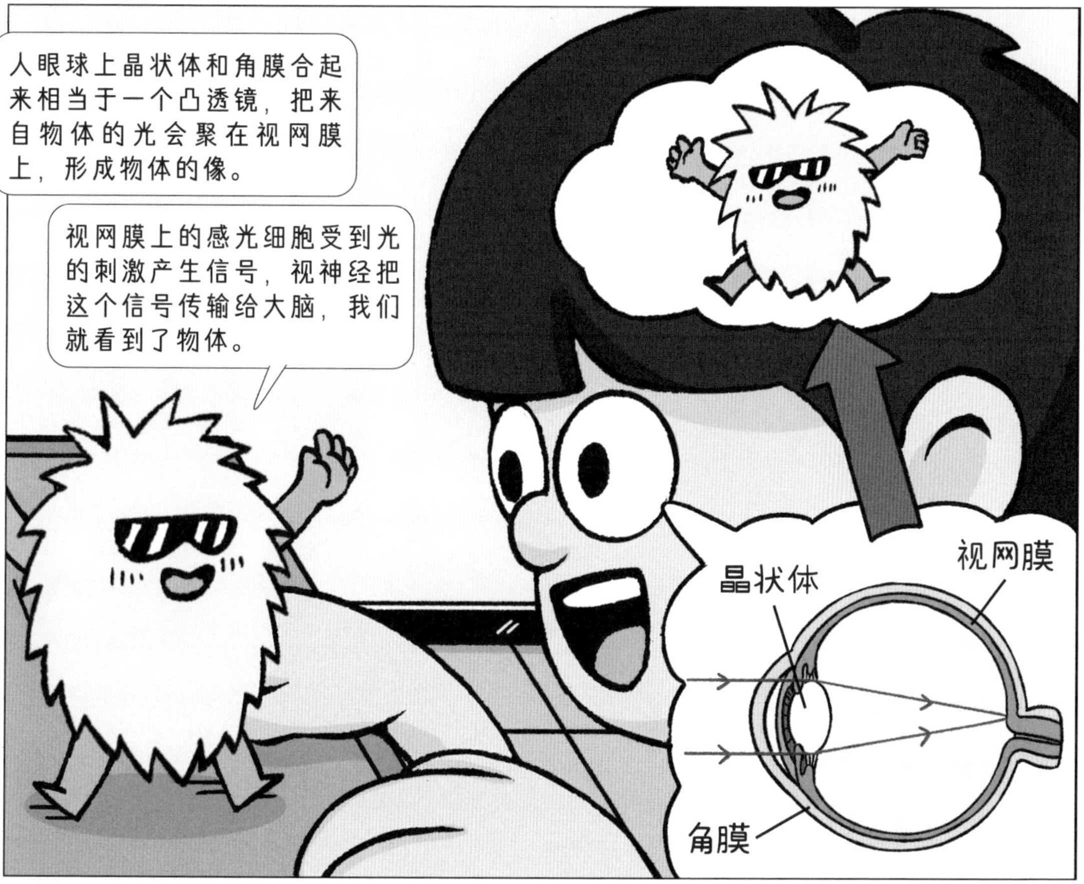

人眼球上晶状体和角膜合起来相当于一个凸透镜，把来自物体的光会聚在视网膜上，形成物体的像。

视网膜上的感光细胞受到光的刺激产生信号，视神经把这个信号传输给大脑，我们就看到了物体。

视网膜

晶状体

角膜

调节视力的眼镜

保护视力
小贴士
近视眼的形成原因是晶状体变厚，折光能力变强，导致来自远处的光会聚在视网膜前，到达视网膜时就形成了一个模糊的光斑。
下。
这时，我们可以佩戴由凹透镜制成的近视眼镜，将光线适当发散，使物体的像准确地落到视网膜上。

哎，老啦，看不清喽！
远视眼就是爷爷奶奶常说的“老花眼”，它的形成原因则是晶状体太薄，折光能力太弱，来自近处的光还没有会聚成一点就到达视网膜了，也形成了一个模糊的光斑。
这时就需要在眼睛前面放一个合适的凸透镜，也就是“老花镜”，使原本在视网膜后会聚的光线，提前在视网膜上会聚。

打开光的“调色盘”

这是一个三棱镜，
它可以折射光。
三棱镜是横截面为三角形的透明柱体，一般由玻璃制成。
这证明了白光是由各种色光混合而成的！
太阳光是白光，它通过棱镜后会被分解成各种颜色的光，这就是光的色散。
打开光的“调色盘”，里面有红、橙、黄、绿、蓝、靛、紫！
光为什么会发生色散呢？

彩虹也来源于光的色散。刚下完雨，空气中留存的小水滴就如同三棱镜，当阳光照射到小水滴上，发生色散，就出现了彩虹。

光让世界变得五彩斑斓

当不同的光进入我们的眼睛，我们就看到了对应的颜色。

在公园里，我们会发现，有红色的花、绿色的树。

因为这朵花吸收了其他颜色的光，只反射了红光，所以我们看到它是红色的。

而树叶中的叶绿素主要吸收红光、蓝光和紫光，最不吸收绿光，所以我们看到的大多数植物的叶子是绿色的。

大海会“选择”自己想呈现出来的颜色。

蓝
紫
海水总是吸收红光、橙光和黄光，反射蓝光和紫光。所以，大海看起来总是蔚蓝色或深蓝色的。

可以说，我们看到的彩色世界，都是物体将特定颜色的光反射到了我们眼中。大脑对这些不同的光进行命名，就有了人们常说的各种颜色。

奇妙的三色光

实验发现，人类肉眼对红光、绿光、蓝光的感受特别强烈。
这是因为，人眼的视网膜上有三种感色视锥细胞。
我对绿光敏感。
我对红光敏感。
我对蓝光敏感。
当一束复色光刺激人眼时，这三种感光细胞可以将其分解为红、绿、蓝三种单色光，然后再混合成一种颜色。

红光加绿光可产生黄光，蓝光加绿光会产生青光，红光加蓝光会出现品红色的光。而红、绿、蓝三种色光相加，就是白光。
只要适当调整这三种光线的强度，就可以让人类感受到“几乎”所有的颜色，因此红、绿、蓝这三种颜色，也被称为光的三原色。
彩色电视机的荧光屏上交替排列着红、绿、蓝三种颜色的荧光粉，我们在电视机中看到的丰富色彩，就是由三原色光混合而成的。

看不见的光

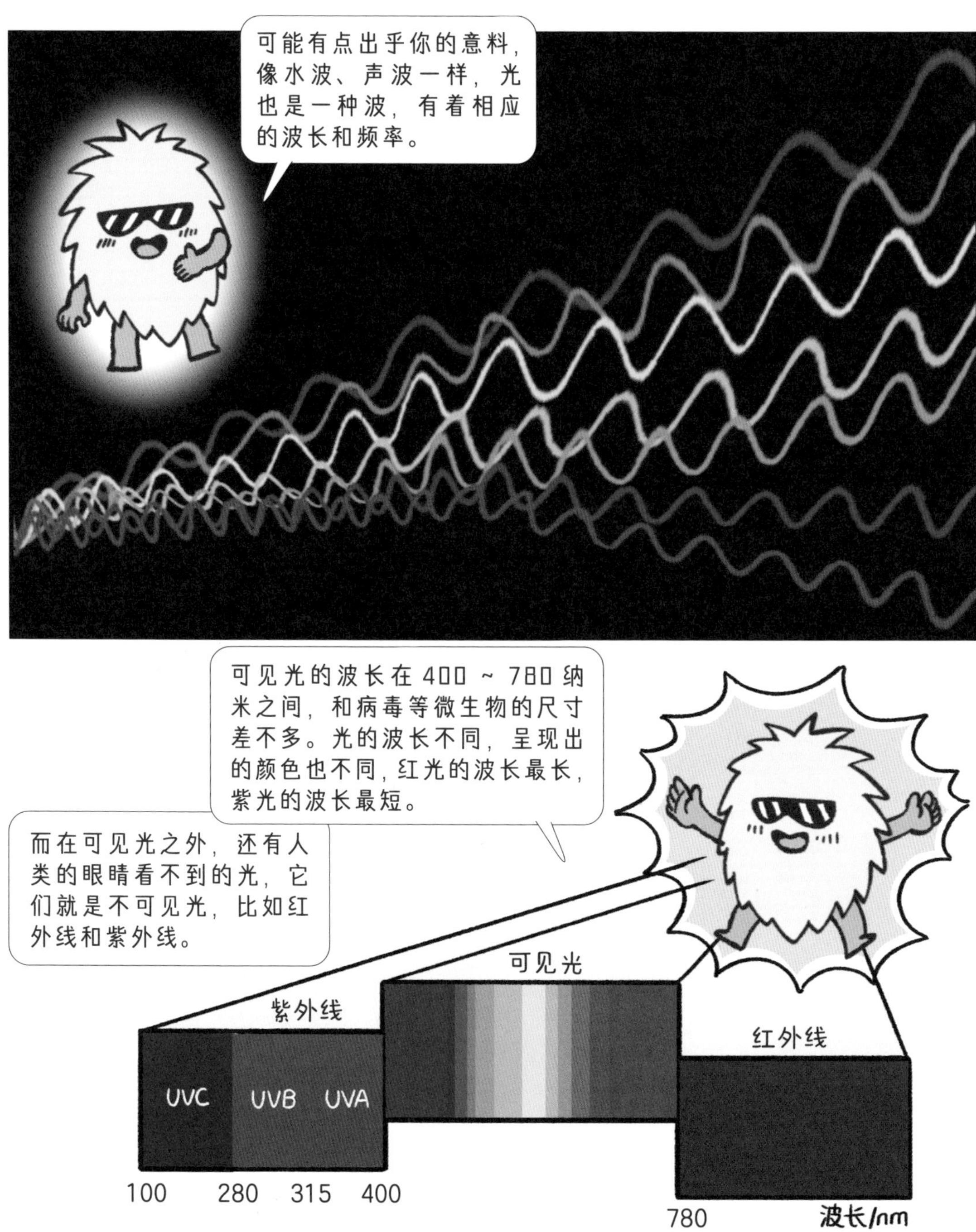

可能有点出乎你的意料，像水波、声波一样，光也是一种波，有着相应的波长和频率。
可见光的波长在400～780纳米之间，和病毒等微生物的尺寸差不多。光的波长不同，呈现出的颜色也不同，红光的波长最长，紫光的波长最短。
而在可见光之外，还有人类的眼睛看不到的光，它们就是不可见光，比如红外线和紫外线。
紫外线
可见光
红外线
UVC
UVB
UVA
100
280
315
400
780
波长/nm

不可见光在我们的生活中也发挥着十分重要的作用。晒被子可以杀菌，就是利用了紫外线对微生物构成的破坏力。

人们还发明了紫外线灯，医院的手术室、餐厅的备餐区，还有食品加工厂，都可以用它来杀菌。

红外线具有穿透性强，并且不容易受到其他光线影响的特点。遥控器就是利用红外线对电视进行调节的。

夜间的可见光很弱，但红外线十分丰富。红外线夜视仪可在夜间捕捉影像，可以应用在动物观测等领域。

捕捉身边和宇宙中的光

对于早期的胶片相机，来自物体的光经过镜头后会聚在胶片上；而我们现在常用的数码相机，则是让光经过镜头后会聚在图像感应器上。

投影仪在生活中也很常用，比
如老师讲课时会用投影仪将电
脑上的画面投到大屏幕上。

投影仪也是利用凸透镜来成
像的。来自投影片的光，透
过凸透镜后，会聚在屏幕上，
就形成了图案的像。
屏幕
像
镜头
投影片

此外，用来观察细胞的显微镜和
用来观察宇宙的望远镜，也都是
利用透镜的原理来设计的。

宇宙很大很大，用日常生活中常用的米、千米等长度单位来度量它根本不够用，宇宙中所使用的长度单位是“光年”，是光一年里行走的距离。
在银河系的左右两侧，有牵牛星和织女星，牛郎织女鹊桥相会的浪漫故事就来自古人对宇宙的浪漫想象。
如果你在晴朗的夜晚仰望星空，会看到空中有一条带状的星云，这就是银河系，地球也在银河系中。

我是哈勃空间望远镜，在我观测到的目标中，最远的是距地球 130 亿光年的原始星系，这有助于帮助人类研究宇宙诞生的初始状态。
天文学家可以借助不同类型的太空设备，获得更多的宇宙信息。
我是光，我带来遥远宇宙的信息，也围绕在你的身边时刻陪伴着你。在未来，你愿意发现更多关于我的秘密吗？
实际上，牵牛星距离地球 16.7 光年，织女星距离地球 25.3 光年，也就是说，如果你此刻去观察牵牛星和织女星，看到的是一二十年前发出的光。

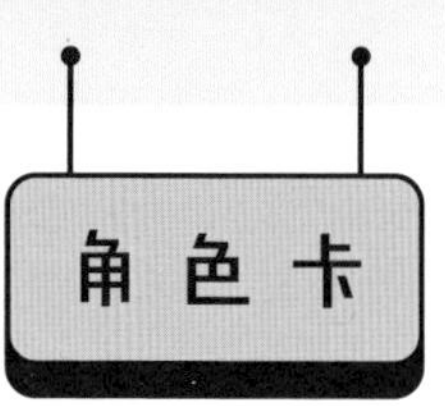

角色卡

·姓名 光

·年龄 和宇宙的年纪一样大

·装备 透镜

透镜可以改变光的传播方向。凸透镜中间厚边缘薄，能够把光会聚到一起；凹透镜中间薄边缘厚，能够把光发散开来。

·普通技能 沿直线传播

·特殊技能 拥有全宇宙最快的速度

·天赋 有7个颜色不同的分身

·武学 隐身术

光分可见光和不可见光，不可见光是波长小于400纳米或大于780纳米的光。

·关联物品 照相机、显微镜、望远镜

·行动范围 全宇宙

ELECTRICITY电

到处都有电

能量：具有许多种不同的形态，光、热、电……这些都是能量。
电是一种能量，一旦连接了电源，各种电器和电力设备就可以运转起来了。

电可以产生热，比如，人们用电热壶烧水，用电饭锅煮饭。
真香！

冬天，人们可以用电热毯、电暖器来取暖。

电热孵化器可以保持温度恒定。经过一段时间的孵化，小鸡破壳而出啦！
37°

电可以推动机器运转。天热的时候，电风扇一转，凉风就来了。

电动自行车、电动汽车之所以能在马路上飞驰，靠的也是电能。

电还给黑夜带来光明。万家灯火都是电的杰作！

除此之外，人们生活中离不开的电脑、电视和手机，都需要在“有电”的情况下才能运行。

毫不夸张地说，是电塑造了我们的现代生活！

你可能会纳闷，电为什么能有这么大的本事？电线里的电究竟是什么样子的？下面我就来一个一个告诉你！

爱跑的电子

让我们来看看
原子的内部吧！
我就是分布在原子核周围、喜欢到处跑动的电子！
电子
原子：构成物质的微小粒子，它的中心有一个原子核，周围则有电子围绕着原子核运动

原子核
在原子中，原子核带正电荷，电子带负电荷，它们相互吸引。

就像热水和冷水倒在一起会变温水一样，原子核与核外所有电子分别带有相同数量的正电荷与负电荷，所以原子整体上不带电。

但原子核怎么能束缚住我？

当两个物体相互摩擦时，如果其中一个物体里的原子核对电子的吸引力相对较弱，它的一些电子就会转移到另一个物体上。

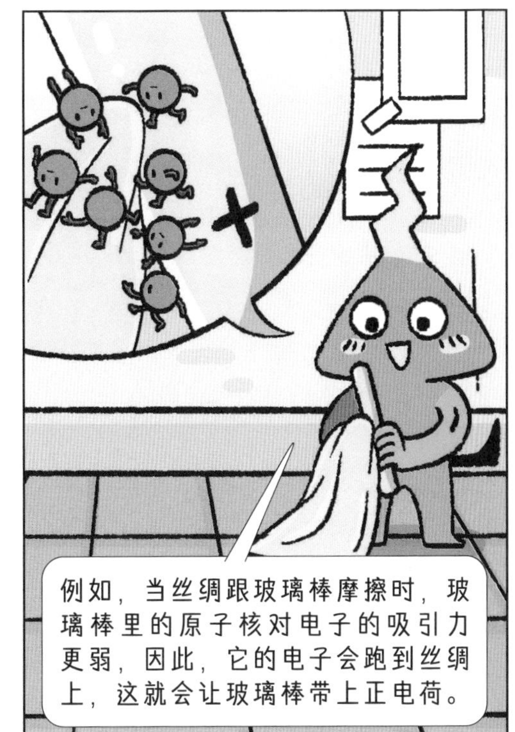
例如，当丝绸跟玻璃棒摩擦时，玻璃棒里的原子核对电子的吸引力更弱，因此，它的电子会跑到丝绸上，这就会让玻璃棒带上正电荷。

当毛皮跟橡胶棒摩擦时，毛皮里的原子核对电子的吸引力更弱，因此，它的电子会跑到橡胶棒上，从而让橡胶棒带上负电荷。

两个物体之间的摩擦造成电子转移，这种现象叫作“摩擦起电”。
摩擦起电

生电与放电

现在我手里有两个跟毛皮摩擦过的橡胶棒，如果让它们相互靠近，会怎么样呢？
啊，它们在相互排斥！
这次换一下，让丝绸摩擦过的玻璃棒和毛皮摩擦过的橡胶棒相互靠近，又会怎么样呢？
哎呀，它们靠在一起了！

带同一种电荷的物体会相互排斥，带不同种电荷的物体会相互吸引，这就是同性相斥、异性相吸的规律。

在玻璃棒和橡胶棒接触的过程中，异性相吸，电子从橡胶棒上跑到玻璃棒上，因此它们又都变回了不带电的状态。

摩擦起电在生活中很常见，干燥的秋冬季节用塑料梳子梳头，头发会立起来，这是因为头发在跟梳子的摩擦过程中失去了电子，每根头发都带上了正电。
同种电荷相互排斥，这就让头发在空中“炸”开了。

气球摩擦头发后，可以吸到墙上，也是因为摩擦起电。

穿毛衣时，毛衣与皮肤之间不断摩擦，很容易产生静电。跟朋友握手时，双方会感到被“电”了一下。

脱衣服时，正电荷和负电荷发生中和，会产生放电现象，因此可以听到噼噼啪啪的声音，在黑暗中甚至还能看到火星。

除了衣服和身体产生的静电，还有一种大规模的摩擦起电现象，这就是——闪电！在云层内部，水滴和冰晶等小颗粒间会相互摩擦，让正电荷聚集在上方的云层中，负电荷聚集在下方的云层中，而地面上也会聚集正电荷。
正电荷与负电荷聚集得越多，之间的吸引力就越强，最终“击穿”空气，从而形成明亮夺目的闪电。

手接触金属门的“触电”和天空中的“闪电”，都属于放电现象，这时电子会快速流动，形成电流。

而无论是轻微的“触电”，还是剧烈的“闪电”，这些电子的流动都是在一瞬间完成的，就像打开水闸放水，水流会快速泄掉一样。

可是，要想让我们身边的电器运转起来，电线中得有持续的电流，这要怎样才能实现呢？

组装一个电路

现在，我们把电池、电线、小灯泡和开关组装起来，就构成了一个完整的电路，可以让电子在里面一圈圈持续流动。

让我们进入电路
里面看一看。

哇，到处都是电子！就像水道是让水流通的道路一样，电路则是让电荷流通的道路。

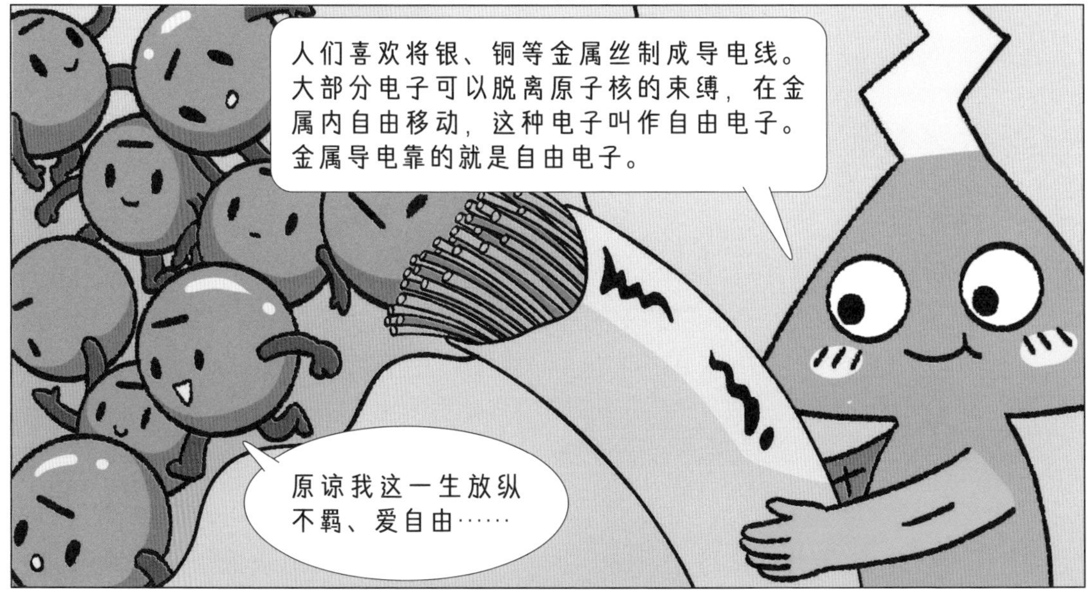
人们喜欢将银、铜等金属丝制成导电线。大部分电子可以脱离原子核的束缚，在金属内自由移动，这种电子叫作自由电子。金属导电靠的就是自由电子。
原谅我这一生放纵不羁、爱自由……

除了各种金属外，石墨、水溶液、生物体和大地也容易导电，容易导电的物体叫导体。

而有些物体中的电子不容易动起来，因此这些物体不容易导电，叫作绝缘体。
比如，木头、陶瓷、玻璃和塑料等物体都是绝缘体。

出不去了！
对于电路来说，绝缘体也很有用处。比如包在金属丝外的绝缘材料可以防止漏电。

让电流动起来

哎呀，差点忘了最后一步——闭合开关。

当水滴都朝着一个方向运动时，会形成水流。

电流！

当带电粒子都朝着一个方向运动时，就形成了电流。只有在闭合时，电路中才有电流。

高山上覆盖着千万年间聚积形成的冰雪，冰雪融化，水会受重力势能的影响而流下高山，形成瀑布和溪流。
重力势能：物体处于高处时具有的能量，当物体落下时，就会释放出来。
电池的正极和负极里分别存储着正电荷和负电荷。因为正负极之间存在电势差，在电路连通后，电子便会沿着一个方向运动起来。
存在于电池正负极之间的电势差，就是电压。要想让电子定向移动，必须有电压。
电压

用电器是个“阻碍物”

我们把消耗电能并转化为其他能量的物体称为用电器。
当用电器的两端有电压时，电流就会流过用电器，于是用电器便可以工作起来了。比如现在，灯泡发光了。
而用电器也是电子在电路旅程中的一大挑战。我得再去电路里看一看！
+
−
用电器虽然是导体，但当电子经过用电器时，会受到用电器中的分子和原子的阻碍。导体对电流的阻碍能力叫作电阻。
前面的路好难走啊！
电阻

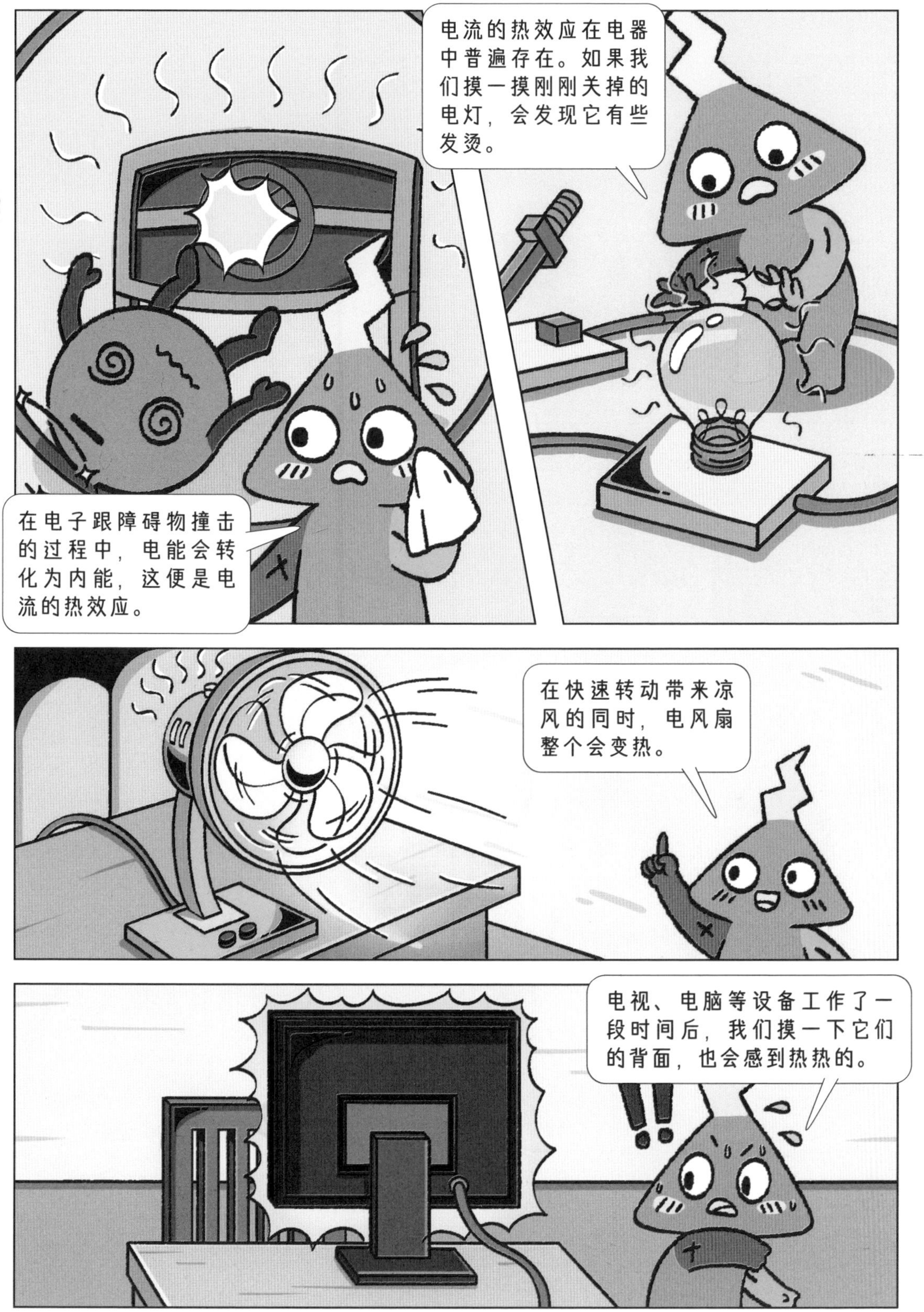

在电子跟障碍物撞击的过程中，电能会转化为内能，这便是电流的热效应。

电流的热效应在电器中普遍存在。如果我们摸一摸刚刚关掉的电灯，会发现它有些发烫。

电流的大小由谁决定?

除了会发热，电阻还有一个非常重要的本事，就是——影响电流的大小!
电阻越大，电流越小；电阻越小，电流越大。
我们用不同的导线来验证一下，理想的实验条件下，这两条电路唯一的区别是导线的材质。
左边的是铜丝，右边的是铁丝。相比之下，铜丝的电阻更小。

醒醒！你见过洪水冲垮河道的景象吗？

如果电路中没有用电器，直接将电源两端连接起来，电路中的电流会非常大，会烧坏电源，毁坏线路，这是非常危险的情况！

相较于用电器，导线的电阻可以忽略，因此，电子都会跑到这条轻松畅通的道路上，从而导致短路。

在电路中，除了电阻，还有一个因素也会影响电流大小。

现在的电路中只有一块电池，让我再加一块！

灯泡变得更亮了！增加电池会让电压增大，而电压是电流流动的推动力。

电压变大，电流也会变大。因此，影响电流大小的另一个因素就是电压的大小。

电路的两种连接方式

前面我们看到的，是电路中只有一个用电器的情况。但实际上，电路中往往会有很多个用电器。那么这些用电器之间是如何连接的呢?

有两种常见的电路连接方式，我们还是以灯泡为例。

过节时，用来装
饰的小彩灯常常
就是串联的。

在串联电路中，如果有一个灯泡
坏掉，整个线路都会变成断路状
态，电流无法通过。因此，其他
的小灯泡也无法正常工作了。
我的灯丝坏了，
对不住大家了。

在串联电路中，各个用电器会
相互影响，因此人们很少选择
串联的方式连接用电器。更多
的时候，人们选择……

并联！

在并联电路中，每个小灯泡都独立“并列”连接到电路中，每个小灯泡共用的线路是干路，单独使用的部分叫支路。干路的电流会分别流向各个支路的小灯泡。

从今往后，咱们就“一别两宽，各生欢喜”了。

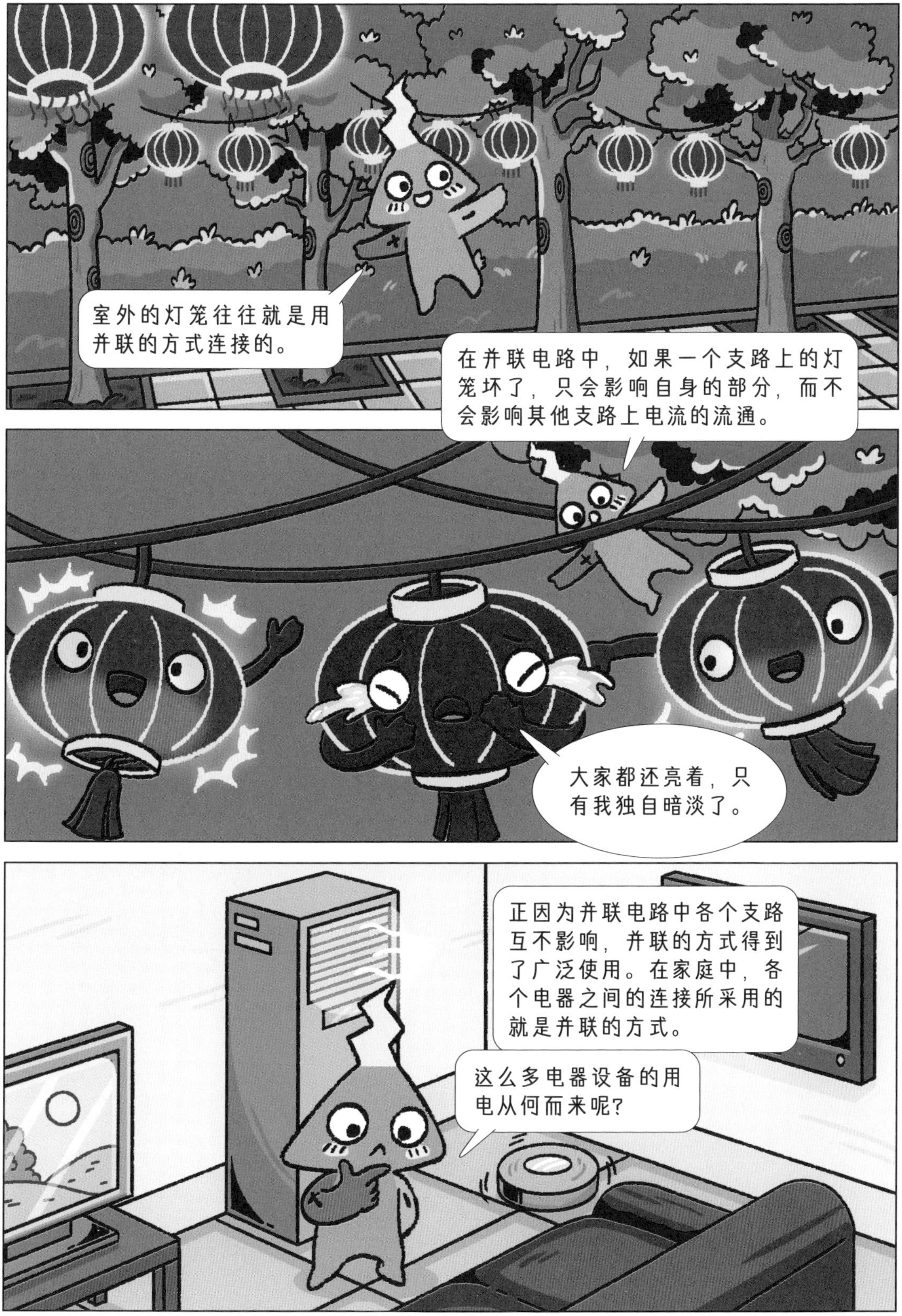

室外的灯笼往往就是用并联的方式连接的。

在并联电路中，如果一个支路上的灯笼坏了，只会影响自身的部分，而不会影响其他支路上电流的流通。

大家都还亮着，只有我独自暗淡了。

家里的电从哪里来?

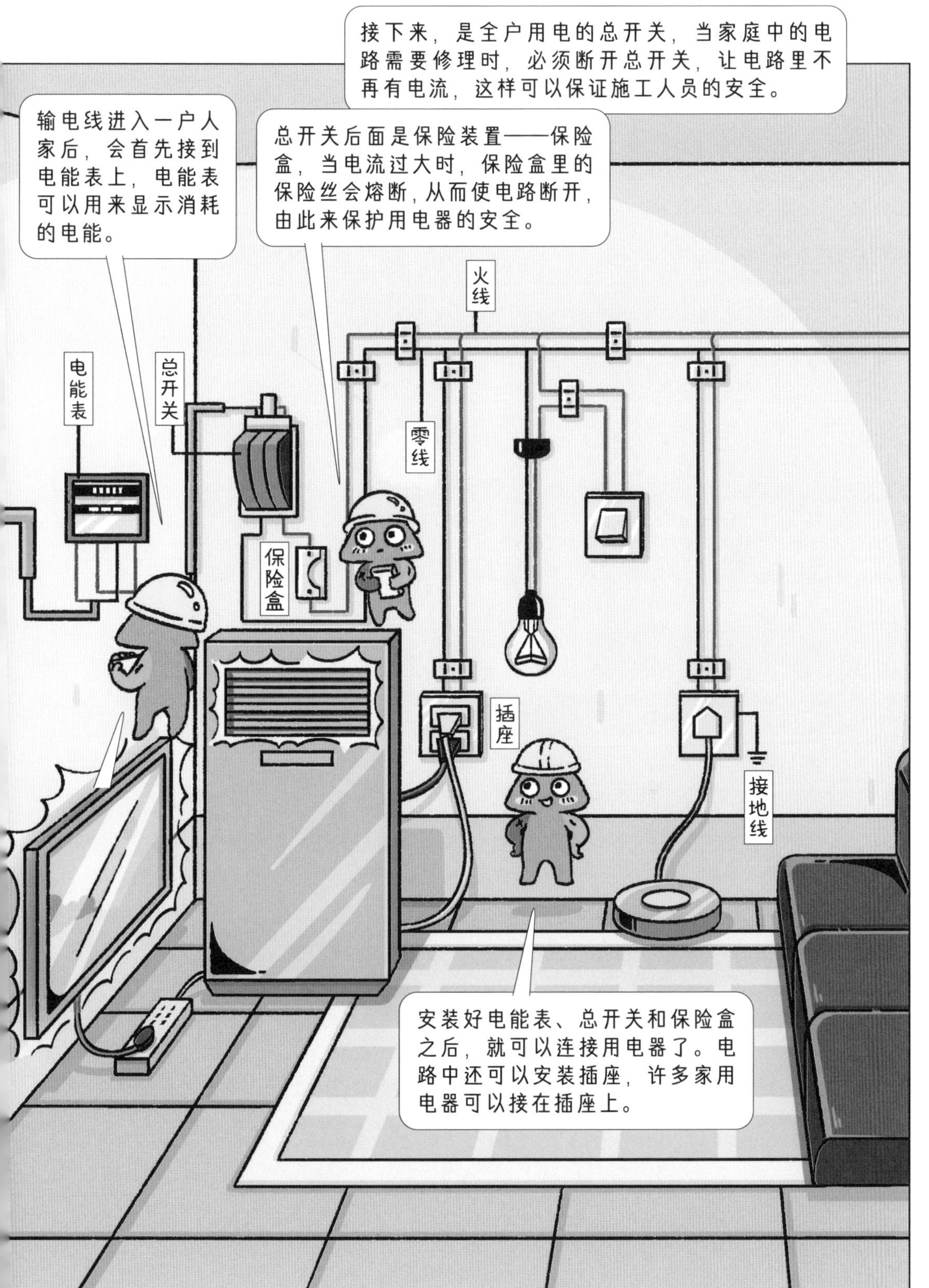
输电线进入一户人家后，会首先接到电能表上，电能表可以用来显示消耗的电能。
接下来，是全户用电的总开关，当家庭中的电路需要修理时，必须断开总开关，让电路里不再有电流，这样可以保证施工人员的安全。
总开关后面是保险装置——保险盒，当电流过大时，保险盒里的保险丝会熔断，从而使电路断开，由此来保护用电器的安全。
火线
电能表
总开关
零线
保险盒
插座
接地线
安装好电能表、总开关和保险盒之后，就可以连接用电器了。电路中还可以安装插座，许多家用电器可以接在插座上。

注意安全用电

线路好烫啊！
0:5
一个插排上怎么连接了这么多用电器！
在并联电路中，随着用电器和支路的增加，总电流也会不断增加。当线路中的总电流超过安全值后，电路开关就会“跳闸”。

ON
OFF

我们要注意，在电路中同时使用的用电器不要太多，尤其是大功率的用电器，使用时尽量错开时间。这样既能保证安全，又可以节约用电。

除了同时使用的用电器过多，短路也是造成家庭电路中电流过大的常见原因。

电线和用电器使用时间太长，绝缘皮破损或老化，容易造成电路短路，因此我们要注意检查线路的状态，及时更换老旧的电线和用电器。

在接触电线和家用电器时，一定要非常小心，防止触电。

人体是导体，加在人体两端的电压越高，流过人体的电流就越大，大到一定程度就会发生危险，千万要小心！

为了防止触电事故的发生，在生活中，我们可以这样做……

在更换灯泡、搬运电器设备前，要先断开电源。

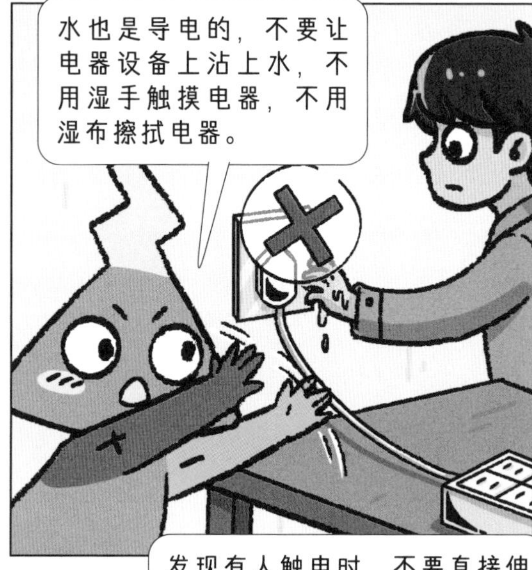
水也是导电的，不要让电器设备上沾上水，不用湿手触摸电器，不用湿布擦拭电器。

发现有人触电时，不要直接伸手救人，要及时断开电源开关，并用木头、塑料等绝缘体将触电者与带电的电器分开。

有时，走在马路上，我们会看到路边立着“高压危险”的警示牌。
高压电的威力很大，如果靠得很近，即使不直接接触也可能会有危险，因此，我们要远离高压线路。
高压危险

除了高压电，雷电也会产生很大的电压，也需要注意防范。
雷雨天，不要在离电源、大树和电线杆较近的地方避雨，不要接触水管、铁丝网、金属门窗等易导电设备或金属装置。

避开了危险，我们就能愉快地享受电带来的便利了。

离不开的电

如今，人们的生活已经完全离不开电了，而人类对电的认识却经历了漫长而曲折的历程。
在人类历史上的大多数时间里，我都处于神秘的隐身状态，直到1600年，英国人吉尔伯特发现摩擦琥珀可以生电。
吉尔伯特
1897年，汤姆森在研究阴极射线时发现了电子，并确定了电子带负电，让人们对电的认识深入粒子层面。
汤姆森
1897年

1752年，美国科学家富兰克林通过著名的“风筝实验”，验证了闪电和物质摩擦产生的静电性质相同，原来，“天电”和“地电”是一回事。
1752年
1876年
富兰克林
后来，人们对电的认识不断深入，各种各样的电器也被陆续发明了出来。
现在，电的应用已经遍及人们生活的方方面面，而人们对电的认识还在不断深入。接下来的历程期待你的参与哦！

角色卡

·姓名 电

·年龄 不确定，但和人类很早就认识了

甲骨文中有“电”这个字，形似闪电，说明三千多年前中国古人已经开始观察闪电现象。在古埃及的书籍中也曾记载过一种“发电鱼”，应该是能够放电的鱼类。

·装备 导线

·普通技能 带电的物体会相互吸引或排斥

·特殊技能 让云层和大地积蓄电荷，形成闪电

·天赋 驱使电荷定向移动，形成电流

·武学 变身术

电能够生磁，磁也能够生电。

·关联物品 电源、用电器、电阻

·行动范围 神出鬼没，难以确定范围

4

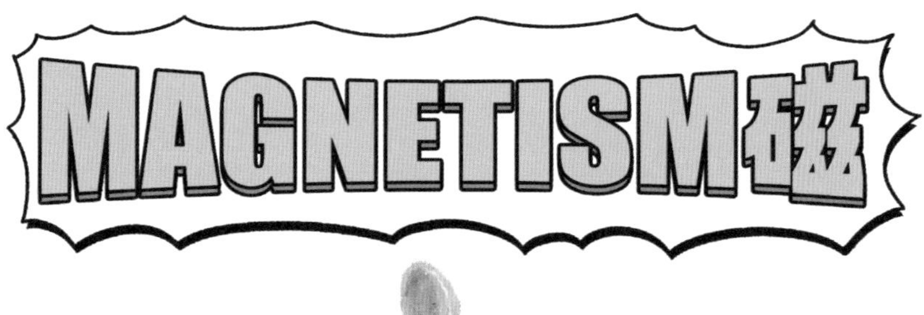

磁在哪里？

啊，在这里！我
被吸住了！

嗨，我是磁。我能够吸引磁性材
料。现在我的脚下就有一片天然
磁铁矿石。

磁铁可以吸引铁、镍、钴等其他
金属。能够被磁铁吸引的材料叫
作磁性材料。磁铁只有碰到磁性
材料才能产生吸引力，这就是磁
铁所具有的“磁力”。

在很早以前，人类
就发现了天然的磁
铁石。

在现代生活中，磁的身影更是遍布各处。
N
S

因为装有磁条，冰箱门和冰箱主体可以紧密相连，从而达到很好的制冷效果。
冰箱贴之所以能吸附在冰箱上，也是因为它装有磁铁。
N
S

N
S
有些包包上装有磁扣，打开和关闭都非常方便。

N
S
有些衣服也会使用磁扣，相比于其他扣子，它更加方便。

教室里也有磁！磁性黑板里面装有磁性物质，这样老师就可以用吸铁石（也是磁铁）将图片等教具贴在黑板上。

磁铁与磁场

摆放在我面前的，是一块条形磁铁。
N
S
让我在磁铁周围撒上一些铁屑……
铁屑在磁铁周围形成了一个有规律的图案！
这是一块蹄形磁铁。没错！磁铁有着不同的形状。

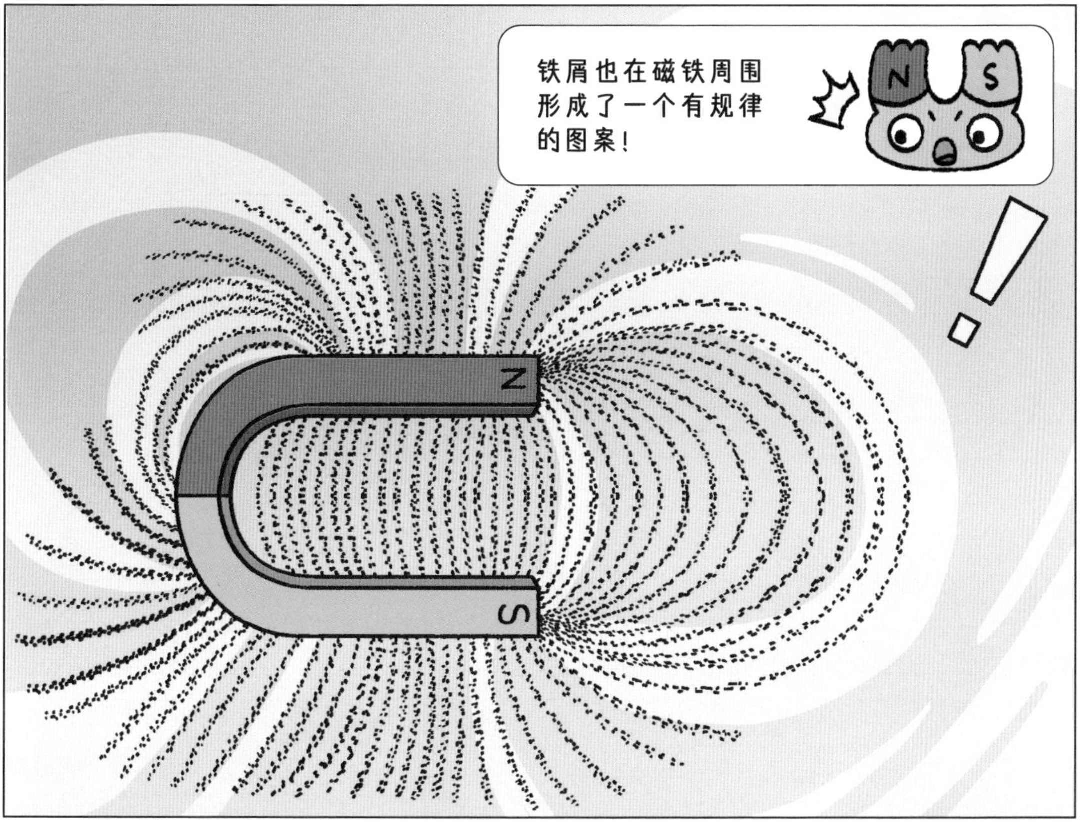

铁屑也在磁铁周围形成了一个有规律的图案！

磁铁有两极

N
S
从吸引小铁钉的情况可以看出，条形磁铁在两端的磁性最强，这两端就是磁铁的两个磁极。
N
S
N
S
北极
南极
磁铁的一极叫北极（N），另一极叫南极（S）。
N
S
N
S
N
S
跟电荷间存在相互作用一样，磁极间也存在相互作用，同名磁极相互排斥，异名磁极相互吸引，也就是同性相斥、异性相吸的规律。

磁性相同的两极很难……
非常难相互靠近。

磁性不同的两极
根不得要粘在一
起，不再分开。

地球是个大磁体

说到北极和南极，你可能会想到地球的北极和南极……
我手里这个小磁针，静止时指北的磁极叫作北极，指向地球的北极；指南的磁极叫作南极，指向地球的南极。
北
小磁针
N
S
人们在户外用来指示方向的指南针，其实就是一个小磁针。那么，为什么小磁针可以指示南北方向呢?

这是因为地球自身就是一个巨大的磁体！作为一个大磁体，地磁的北极在南边，南极在北边，跟地理上的南北极正好相反。根据同性相斥、异性相吸的原理，小磁针的北极指北，南极指南。
地磁的南极
S
N
地理南极
N
S
太阳和宇宙中的其他恒星会向地球发射很多带电射线，对地球上的生命有害，而磁场可以让运动的电荷改变方向，所以地球磁场可以改变这些射线的方向，从而保护地球上的生命。

地磁场对许多地球生命的行动也具有重要的意义。
信鸽具有卓越的飞行本领，可以从2000千米以外的地方飞回家里，而当出现磁场干扰，比如发生强烈磁暴或者飞到无线电发射台附近的时候，鸽子就会失去定向的能力。
没错，我是靠地磁场导航的。
海龟也是利用地磁场来导航的。比如，每年春季产卵时，绿海龟会从巴西沿海向南大西洋的阿森松岛游去，待夏初产卵后再返回。
只要有地磁场，我就可以准确地游到目的地。

磁场是如何产生的？

打铁铺
人们提起磁的时候，往往会将它跟金属铁结合起来，组成“磁铁”一词。为什么是磁铁，而不是磁银、磁铝呢？
N
S
铁
银
铝
这跟金属铁的内部结构有关。金属铁的内部可以形成微小的磁性区域——磁畴，每个磁畴里都包含大量铁原子。磁畴就像一个个小的条形磁铁。
在普通铁块中，这些磁畴的排列是没有规则的，它们产生的磁场会相互抵消，所以这个铁块并不是磁铁。

在外加磁场力的作用下，这些磁畴的排列会变得有规则，它们磁场的方向逐渐一致，让整个铁块产生磁场，这就是“磁化”的过程。
N
S
通过摩擦获得的磁性是暂时的，过段时间，由于内部的排列再次被打乱，铁块也就不再具有磁性了。
除了非永磁铁，自然界中还存在天然的永磁铁，如最早的指南针——司南就是用天然磁石制成的。
通过反复试验，人们发明了人造磁铁。例如，北宋时制造的指南鱼就是一种指南工具，将它放入一碗水中，鱼头的部分会始终指向南方。

N
S
北宋的《武经总要》里提到了指南鱼的制造方法：将鱼形铁片放在炭火中烧红取出，放入水中冷却，冷却时要将鱼沿着特定的方向放置。

N
S
现代物理学告诉我们，这种方法叫作地磁法，其原理是利用地球本身的磁场来进行磁化的，铁片突然冷却，可以让内部排列整齐的磁畴固定下来。
地磁线
S
N

在现代工业中，人们则会用充磁机让金属永久磁化。
N
S

电可以生磁

电跟磁，有什么关系吗？
我们的关系可是相当密切的……
只需要一块电池、一根导线。
“魔法”就会出现！
我们将一枚转动灵活的小磁针放到桌面上，在它上方平行放一条直导线，让导线与电池接触一下……
注：导线直接连接电池会造成短路，这里只让导线与电池接触一下就拿开。
哇，小磁针转动了！

当导线通电时，磁针会发生偏转，而切断电流后，磁针又回到原位，这说明通电导线和磁体一样，周围存在磁场，这就是电流的磁场。
N
S
不过，单根导线产生的磁场非常弱。为了让磁场变强，我们可以将导线缠绕起来，这样，一圈圈导线产生的磁场便可以叠加在一起。
由线圈和铁芯组成的装置叫作电磁铁，电磁铁在通电时有磁性，在断电后会失去磁性。
这个电磁铁的磁场跟条形磁铁的磁场很相似。
N
S

电磁铁的应用

冰箱中有电磁铁，可以调节冰箱内的温度。

02°C
-18°C
-25°C

冷藏室
-18°C
变温室
-25°C
冷冻室

洗衣机中的电磁铁，可以控制水的加入和排出。

弹性支座
线圈
磁铁

音箱也是因为有电磁铁，才产生了不同频率、不同大小的声音。

是一辆磁悬浮列车……
从名字中就可以看出，磁悬浮列车跟磁有关，具体而言，主要跟电磁铁有关。
磁悬浮列车的车厢和铁轨上分别安装着通有强大电流的电磁体，它们的磁极相对，由于磁极间具有相互作用，列车可以悬浮在铁轨上方几厘米的位置飞驰。
N S N S N S N S
N S
S N
S N S N S N S
S N S N S N S N
N S
S N
N S N S N S N S
真是飞一般的感觉！

转起来的电动机

通电线圈做好了，现在我需要一块磁铁。
N
S
你知道把通电线圈放到磁场中后，会发生什么吗？
N
S
N
S
磁体在磁场中会受到力的作用，通电导线周围有磁场，也可以被视为一个磁体，所以通电线圈也会受到磁场的作用力，可以转动一定的角度！
N
S
N
S
N
S
通电线圈可以在磁场中转动，这个发现有什么用处呢？

整流器
磁场结构
碳刷
电枢（线圈）
根据这个原理，人们发明了大有用处的电动机！
线圈在磁场中受力，再加上换向器等部件的帮助，通电后就可以不停地转动了。
在电动机出现之前，人们做很多事情只能依靠动物或者自己的劳动，比如用马来拉车。
用手摇动扇子来产生凉风。

日常生活中，电扇、冰箱、洗衣机，包括各种电动玩具，都离不开电动机。

嗡

呼呼

出门玩耍时，我们乘坐的电梯需要电动机的牵引才能实现升降。

电动车之所以能够一直转动，载着你向前，也是电动机的功劳。

此外，水泵、机床等工业中常用的机械设备，也都需要电动机带动。可以毫不夸张地说，电动机的应用已经遍布现代生活的各个方面了。

磁可以生电

希望工厂
说到这里，你应该已经明白磁的重要性了，但我要告诉你的是，磁的威力还不止如此！
现在，我手里有一个小灯泡和一根导线，但没有电池，因此即使线路连通了，小灯泡也不会亮。
真是徒劳……
但有了磁铁之后，情况就不同了……

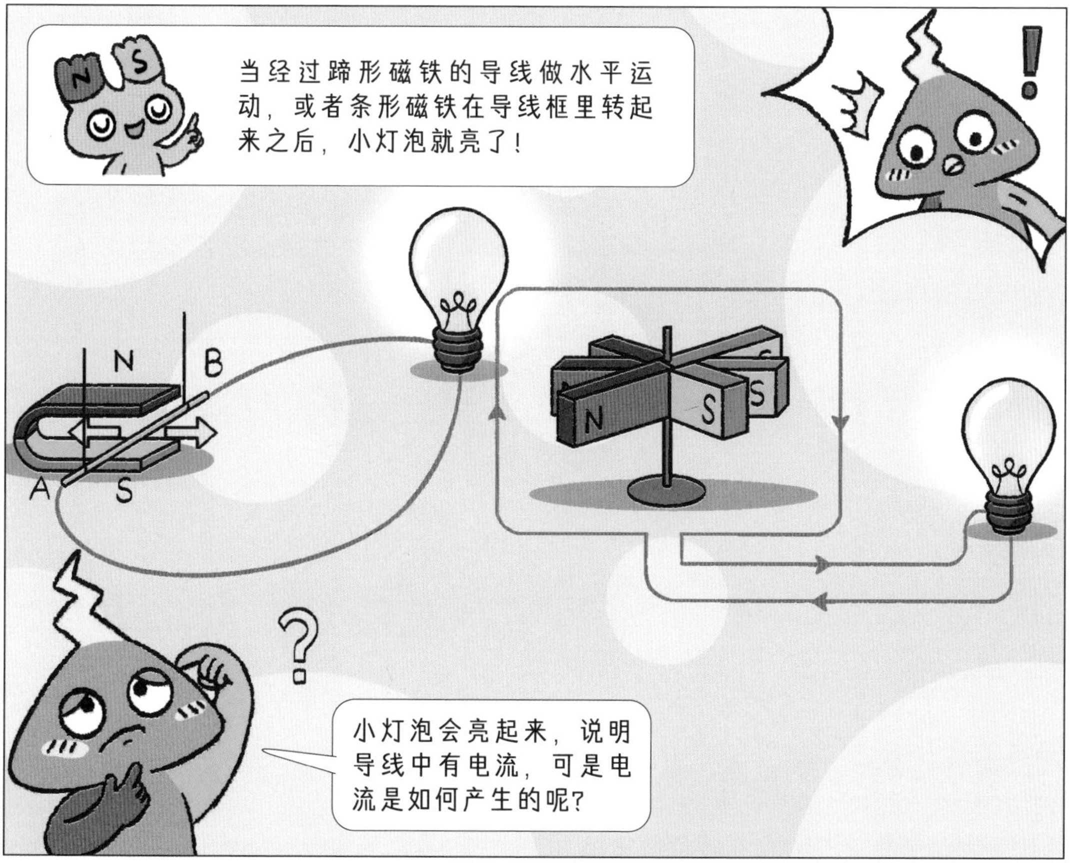

当经过蹄形磁铁的导线做水平运动，或者条形磁铁在导线框里转起来之后，小灯泡就亮了！

小灯泡会亮起来，说明导线中有电流，可是电流是如何产生的呢？

在刚才的两种情况下，导线和磁铁的合作都实现了同一个结果——就是闭合电路中的一部分导体切割了磁场中的磁感线。

我们可以把磁感线想象成一根根实在的线，把导线想象成一把刀，让刀去切割线。

能发电的机器

发现电能生磁后，人们发明了很多机器设备。发现磁能生电后，有什么应用吗？
N
S
当然。接下来就为大家介绍大名鼎鼎的——发电机！
这是一个发电机模型，它随着线圈在磁场中不停转动，电流就可以源源不断地产生出来。
S
N
真实的发电机比模型复杂很多，一般采取线圈不动，磁极旋转的方式。大型发电机发出的电，电压很高，电流很强。
磁极
线圈
磁极
N
S

电能不是天然能源，必须由其他能源转换生成，大规模的电能一般在发电厂或电站的发电机中生成。

现在我们所在的是一个火力发电厂，火力发电最终将燃料中的化学能转化为电能。

好大的水流！

这是水力发电设备！高处水的势能在下降过程中转化为动能，最终转化为电能。

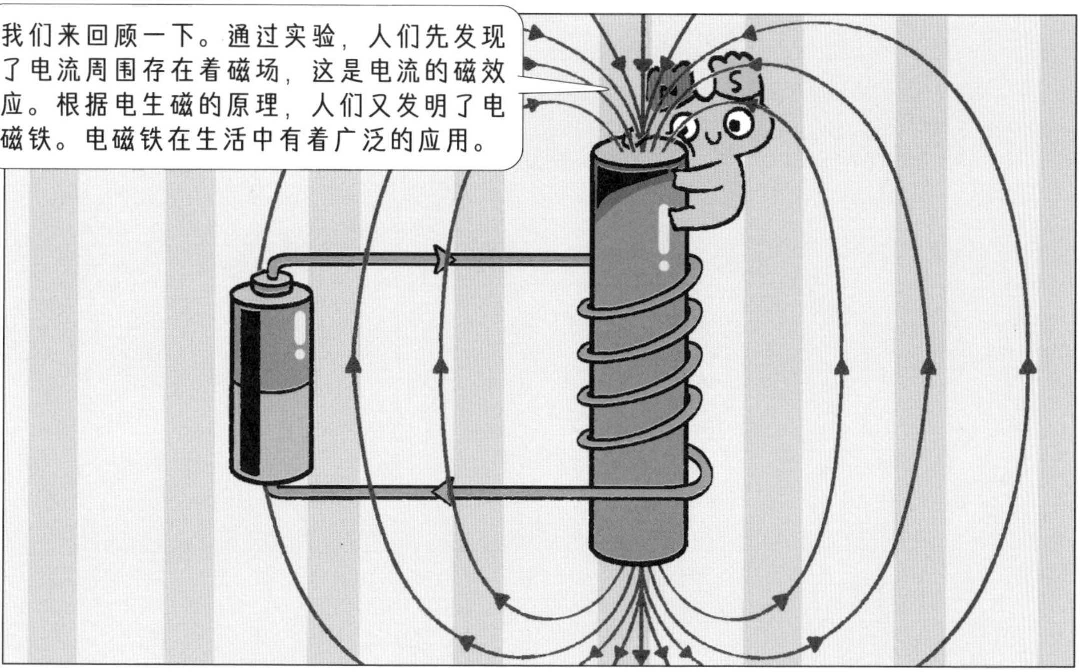

我们来回顾一下。通过实验，人们先发现了电流周围存在着磁场，这是电流的磁效应。根据电生磁的原理，人们又发明了电磁铁。电磁铁在生活中有着广泛的应用。

为什么电流能够产生磁场，磁场也能够产生电流呢？

不久以后，人们又发现了利用磁场来产生电流的条件和规律，这就是电磁感应现象。

根据磁生电的原理，人们发明了发电机，这样便可以享受电能带来的便利了。

19 世纪英国物理学家麦克斯韦经过一系列研究思考，想明白了电与磁的关系，建立了完整的电磁场理论，这是一个很伟大的成就。

N S

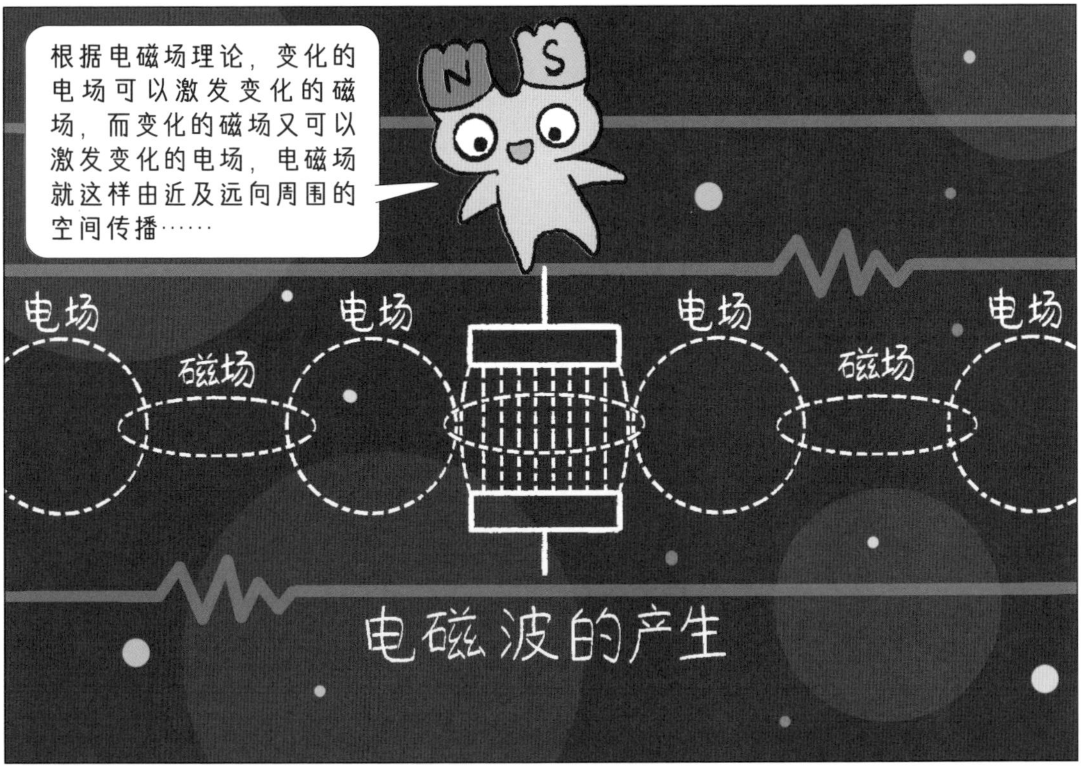

根据电磁场理论，变化的电场可以激发变化的磁场，而变化的磁场又可以激发变化的电场，电磁场就这样由近及远向周围的空间传播……

电场 磁场 电场 电场 磁场 电场

电磁波的产生

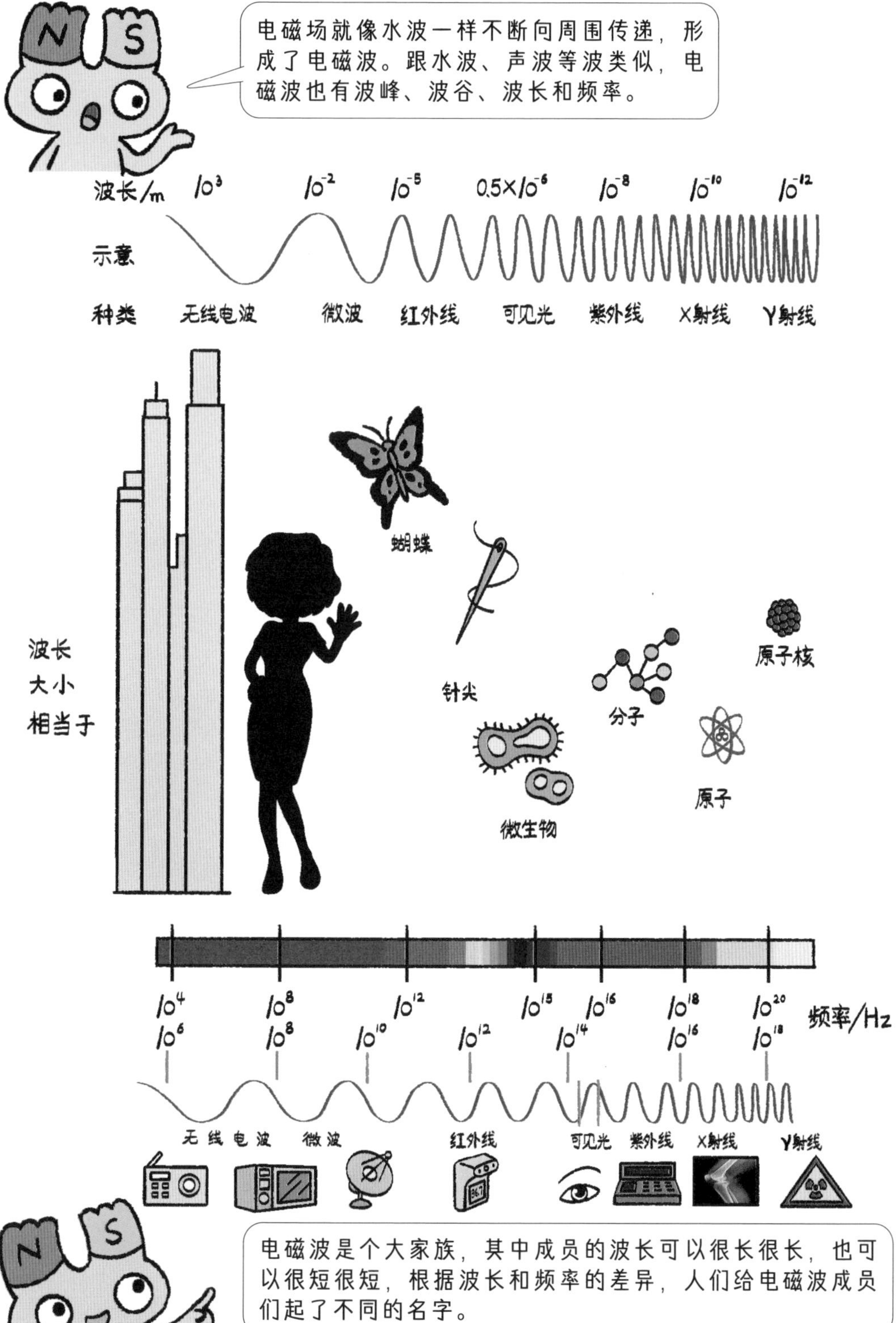
N
S
电磁场就像水波一样不断向周围传递，形成了电磁波。跟水波、声波等波类似，电磁波也有波峰、波谷、波长和频率。
波长/m
10^{3}
10^{-2}
10^{-5}
0.5×10^{-6}
10^{-8}
10^{-10}
10^{-12}
示意
种类
无线电波
微波
红外线
可见光
紫外线
X射线
Y射线
波长大小相当于
蝴蝶
针尖
微生物
分子
原子
原子核
10^{4}
10^{8}
10^{12}
10^{15}
10^{16}
10^{18}
10^{20}
频率/Hz
10^{6}
10^{8}
10^{10}
10^{12}
10^{14}
10^{16}
10^{18}
无线电波
微波
红外线
可见光
紫外线
X射线
Y射线
36.7
N
S
电磁波是个大家族，其中成员的波长可以很长很长，也可以很短很短，根据波长和频率的差异，人们给电磁波成员们起了不同的名字。
它们有着各自的特点和应用，比如微波可以用来加热食物，可见光给世界带来光明，x射线可以用来检查身体。

信息快递员——电磁波

在电磁波的众多应用中，对人类生活影响最大的非电磁波通信莫属。
通过“调制”，电磁波可以把文字、声音、图形等各种信息加入其中，并将它们传送到很远的地方。
用户通过收音机、电视机等装置“解调”，把信息还原，就可以收听到优美的音乐、看到精彩的电视节目了。
在用收音机或者音响收听节目时，我们需要转动按钮来“换台”，这就是在接收不同频率的电磁波信号。

人们每天使用的手机也是通过电磁波来传递信息的。为了实现稳定、高效的通信，人们还建立了很多通信基站，你在外出时可能看到过。
除了在地面搭建信息网络，人们还建立了卫星通信系统。卫星通信利用卫星作为信息的中转站进行通信。
卫星通信具有通信范围大、可靠性高、不受地理条件影响等优势，已经被广泛应用在国防、应急通信、海洋渔业、新闻媒体等众多领域。
电磁波真是优秀的信息快递员！
N
S

原来磁有这么重要

我的故事从远古时期的人类发现了天然磁铁石开始……
N S
N S
在很长的时间里，人们只能从表面上认识和利用我，比如知道磁石能够指示固定的方向，并据此发明了司南。

后来，随着人们对我和我的好朋友电的研究的深入，我与人类的关系变得越来越密切，各种相应的机器设备也渐渐被发明了出来。
N
S
现在，只要打开电视，或者拿起手机，你周围的空间里就有电磁波在忙碌地传输着各种信息。我在用这样的方式陪伴着你。
N
S
而人们对我的研究并没有结束，甚至只是一个开始。今后，对于强磁场的研究、新磁性物态材料的探索，以及新型磁性功能器件的研制等，还会给科学和人们的生活带来更大的改变！
N
S
所以，等你长大了，愿意加入其中，更加深入地了解我吗？

角色卡

·姓名 磁

·年龄 与地球的年龄接近

地球内部的磁场会让普通的铁矿磁化，这是天然磁石的来源。

·装备 小磁针

·普通技能 寻找地球上的天然磁铁

·特殊技能 利用地球的磁极为旅行者指引方向

·天赋 吸引各种磁性材料

磁铁不止能够吸引铁制品，还能吸引钴、镍等具有自发磁化性质的金属。这些金属在磁铁的感召下，内部也能够形成一个个小磁畴，这样就短暂地获得了磁性。

·武学 千里传音

人们利用电磁波来传递信息，地球这端的小朋友也可以给地球另一端的小朋友打电话。

·关联物品 线圈、电动机、发电机

·行动范围 具有磁场的星球

作者团队

米莱童书 | 米莱童书 点亮孩子的未来

米莱童书是由国内多位资深童书编辑、插画家组成的原创童书研发平台。旗下作品曾获得2019年度“中国好书”，2019、2020年度“桂冠童书”等荣誉；创作内容多次入选“原动力”中国原创动漫出版扶持计划。作为中国新闻出版业科技与标准重点实验室（跨领域综合方向）授牌的中国青少年科普内容研发与推广基地，米莱童书一贯致力于对传统童书进行内容与形式的升级迭代，开发一流原创童书作品，适应当代中国家庭更高的阅读与学习需求。

策 划 人： 刘润东　魏　诺

统筹编辑： 秦晓英

原创编辑： 窦文菲　秦晓英　张婉月

漫画绘制： Studio Yufo

专业审稿： 北京市赵登禹学校物理教师 张雪娣

装帧设计： 刘雅宁　张立佳　辛　洋　刘浩男　马司雯
朱梦笔　汪芝灵

图书在版编目（CIP）数据

你见过的物理现象 / 米莱童书著绘. -- 北京 : 北京理工大学出版社, 2024.4

（启航吧知识号）

ISBN 978-7-5763-3412-8

Ⅰ. ①你… Ⅱ. ①米… Ⅲ. ①物理学–少儿读物 Ⅳ. ①04-49

中国国家版本馆CIP数据核字(2024)第011921号

出版发行 / 北京理工大学出版社有限责任公司
社　　址 / 北京市丰台区四合庄路 6 号
邮　　编 / 100070
电　　话 /（010）82563891（童书售后服务热线）
网　　址 / http: //www. bitpress. com. cn
经　　销 / 全国各地新华书店
印　　刷 / 雅迪云印（天津）科技有限公司
开　　本 / 710毫米 × 1000毫米　1 / 16
印　　张 / 9.5
字　　数 / 250千字
版　　次 / 2024年4月第1版　2024年4月第1次印刷
定　　价 / 38.00元

责任编辑 / 张　萌
文案编辑 / 王晓莉
责任校对 / 王雅静
责任印制 / 王美丽